Tanja Reimbold

Mathematik kompaktWissen

5 – 10

Formelsammlung mit vielen Beispielen

Klett Lerntraining

Bibliografische Information der Deutschen Bibliothek
Die Deutsche Bibliothek verzeichnet diese Publikation in der Deutschen Nationalbibliografie; detaillierte bibliografische Daten sind im Internet über http://dnb.ddb.de abrufbar.

Hinweis: Die in diesem Buch enthaltenen Videos sind Klett Lerntraining von sofatutor.com zur Verfügung gestellt worden und im Preis dieses Produktes enthalten. Sofatutor.com ist die größte Lern-Video-Plattform in Deutschland. Alle anderen auf ihr enthaltenen Lern-Videos sind gebührenpflichtig. Der Zugriff auf die Videos ist gewährleistet bis 2015.

Bildnachweis:
Umschlagfoto: Fotolia LLC (Christopher Hall), New York.
Umschlag Innenteil: SUPERBILD, Taufkirchen/München.

Auflage 4. 3. 2. 1. | 2013 2012 2011 2010
Die letzten Zahlen bezeichnen jeweils die Auflage und das Jahr des Druckes.
Dieses Werk folgt der neuesten Rechtschreibung und Zeichensetzung. Ausnahmen bilden Texte, bei denen künstlerische, philologische oder lizenzrechtliche oder andere Gründe einer Änderung entgegenstehen.

www.klett.de/lernhilfen
Produktsteuerung und Redaktion: Sandra Meyer
Korrektorat: Monika Albrecht
Umschlaggestaltung: Sabine Kaufmann, Stuttgart
Satz: Andrea Eckhardt, Göppingen
Druck: AZ Druck und Datentechnik GmbH, Kempten
Printed in Germany
ISBN 978-3-12-926037-1
9 783129 260371

INHALT

INHALT

INHALT

INHALT

Alle Lern-Videos auf einen Blick

Vorwort

Hallo liebe Schülerin, hallo lieber Schüler!

Dieses Buch ist rundum **PRAKTISCH**: Es ist klein und handlich, sehr übersichtlich aufgebaut und es erklärt dir leicht verständlich den **MATHE-STOFF DER KLASSEN 5 BIS 10**.
Außerdem erhältst du mit diesem Buch einen kostenlosen Zugang zu **20 LERN-VIDEOS**!
Immer, wenn du im Buch dieses Sofa siehst, kannst du dir zu einem bestimmten Thema online ein Video anschauen. (In der vorderen Klappe wird genau erklärt, wie du zu den Videos gelangst.)

So einfach ist das Buch aufgebaut:

1. Jedes Kapitel beginnt mit einem **QUICK-FINDER**.
   Die Quick-Finder sind extra Inhaltsverzeichnisse für jedes Kapitel. Hier findest du schnell und gezielt, was du suchst.
2. Jedes Thema aus dem Unterricht wird mit **VIELEN BEISPIELEN** erklärt. Denn **WICHTIGE FORMELN** prägen sich nur dann ein, wenn sie anhand von unterschiedlichen Beispielen geübt werden.
3. Außerdem gibt es zahlreiche Hinweise und **TIPPS VOM LEHRER**! Denn nur ein Lehrer weiß genau, wie's geht!

Wir wünschen dir viel Erfolg!
Dein Klett-Lerntraining-Team

Algebra

1 Mathematische Grundlagen

QUICK-FINDER

1.1 Mengen

Definition und Grundbegriffe

Unter einer Menge versteht man die Zusammenfassung mehrerer Objekte zu einem Ganzen. Die in der Menge enthaltenen Objekte nennt man Elemente.

Besitzen zwei Mengen die gleichen Objekte, so sind die beiden Mengen gleich.
$A = B$

Beispiel:

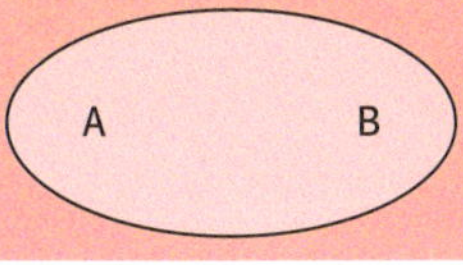

$A = \{2; 4; 5; 7\}$
und
$B = \{2; 4; 5; 7\}$

Teilmenge

Ist A eine Teilmenge von B, so ist jedes Element der Menge A auch Element der Menge B.
$A \subseteq B$

Beispiel:

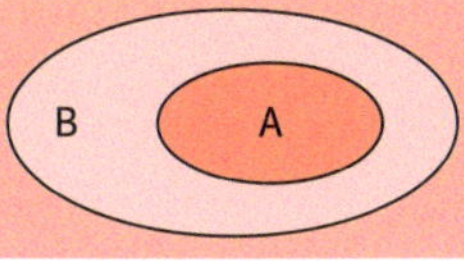

$A = \{2; 4; 5; 7\}$
und
$B = \{1; 2; 3; 4; 5; 6; 7; 8\}$

Folgender Term trifft hier auch zu: $A \subset B$
Existiert in B ein Element, das nicht zu A gehört, so ist A eine echte Teilmenge von B.

Schnittmenge

Unter der Schnittmenge zweier Mengen A und B versteht man die Menge, deren Elemente sowohl zu A als auch zu B gehören.

$A \cap B$

Beispiel:

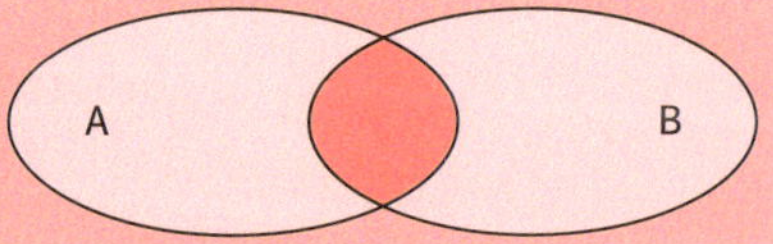

$A = \{2; 3; 4\};$
$B = \{3; 4; 5\}$

$\{2; 3; 4\} \cap \{3; 4; 5\} = \{3; 4\}$

Vereinigungsmenge

Unter der Vereinigungsmenge zweier Mengen A und B versteht man die Menge, zu der alle Elemente der Mengen A und B gehören.

$A \cup B$

Beispiel:

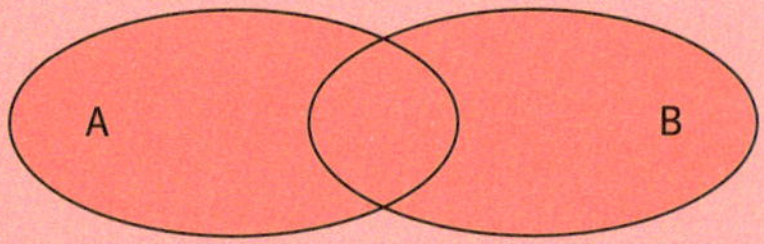

$A = \{2; 3; 4\};$
$B = \{3; 4; 5\}$

$\{2; 3; 4\} \cup \{3; 4; 5\} = \{2; 3; 4; 5\}$

1.2 Maßeinheiten

Besonders wichtig: Umrechnen von Längenmaßen

1 km =	1000 m =	10 000 dm =	100 000 cm =	1 000 000 mm
	1 m =	10 dm =	100 cm =	1000 mm
		1 dm =	10 cm =	100 mm
			1 cm =	10 mm

Umrechnen von Flächenmaßen

Lern-Video
www.sofatutor.com/klett/8r

$1\,\text{km}^2 = 100\,\text{ha}$

$1\,\text{ha} = 100\,\text{a}$

$1\,\text{a} = 100\,\text{m}^2$

$1\,\text{m}^2 = 100\,\text{dm}^2$

$1\,\text{dm}^2 = 100\,\text{cm}^2$

$1\,\text{cm}^2 = 100\,\text{mm}^2$

Umrechnen von Raummaßen

$1\,\text{m}^3 = 1000\,\text{dm}^3$

$1\,\text{dm}^3 = 1000\,\text{cm}^3$

$1\,\text{cm}^3 = 1000\,\text{mm}^3$

$1\,\text{l} = 1\,\text{dm}^3 = 1000\,\text{cm}^3 = 1000\,\text{ml}$

$1\,\text{cm}^3 = 1\,\text{ml}$

Umrechnen von Gewichten

$1\,\text{t} = 1000\,\text{kg} = 1\,000\,000\,\text{g} = 1\,000\,000\,000\,\text{mg}$

$1\,\text{kg} = 1000\,\text{g} = 1\,000\,000\,\text{mg}$

$1\,\text{g} = 1000\,\text{mg}$

Umrechnen von Zeitdauern

$1\,\text{d} = 24\,\text{h}$ $\quad$ $1\,\text{h} = 60\,\text{min}$ $\quad$ $1\,\text{min} = 60\,\text{s}$

Algebra

2 Zahlenmengen, Rechengesetze

QUICK-FINDER

2.1 Natürliche Zahlen

Definition

$\mathbb{N} = \{0; 1; 2; 3; ...\}$

- Die Menge der natürlichen Zahlen wird mit $\mathbb{N}$ bezeichnet und setzt sich aus folgenden Zahlen zusammen: 0; 1; 2; 3; 4; ... usw.
- Die Menge der natürlichen Zahlen ohne die Null wird mit $\mathbb{N}^* = \mathbb{N} \setminus \{0\}$ bezeichnet.*
- Alle natürlichen Zahlen sind **positiv**.
- Man kann sie auf einem Zahlenstrahl darstellen als Abfolge von Punkten im Abstand 1.

- Zu jeder natürlichen Zahl kann man 1 hinzuzählen und erhält eine darauffolgende Zahl. Diese Zahl heißt **Nachfolger**. Da jede Zahl einen Nachfolger hat, gibt es keine größte natürliche Zahl.
- Außer von Null kann man von jeder natürlichen Zahl 1 abziehen und erhält die vorangegangene Zahl. Diese Zahl heißt **Vorgänger**. Die Null ist die kleinste natürliche Zahl.

Beispiele:
6 ist der Nachfolger von 5.
2 ist der Vorgänger von 3.

* In manchen Büchern wird die Null nicht zu den natürlichen Zahlen gerechnet. Beides ist richtig.

Stellenwertsysteme

Zehnersystem

In unserem Zahlensystem hängt die Bedeutung einer Ziffer von ihrer Stellung innerhalb der Zahl ab. Unser Stellenwertsystem heißt Zehnersystem.

Hier werden 10 Einer zu 1 Zehner, 10 Zehner zu 1 Hunderter, 10 Hunderter zu 1 Tausender usw. zusammengefasst. Man erhält den Wert einer Stelle, indem man die vorangegangene Stelle mit 10 multipliziert.

Beispiel: $\cdot 10$ $\cdot 10$ $\cdot 10$ $\cdot 10$

...	10 000er	1000er	100er	10er	1er
	7	8	5	9	2
		3	4	7	5

$7 \cdot 10\,000 + 8 \cdot 1000 + 5 \cdot 100 + 9 \cdot 10 + 2 \cdot 1 = 78\,592$

$3 \cdot 1000 + 4 \cdot 100 + 7 \cdot 10 + 5 \cdot 1 = 3475$

Zweiersystem

Im Zweiersystem hingegen werden 2 Einer zu 1 Zweier, 2 Zweier zu 1 Vierer, 2 Vierer zu 1 Achter usw. zusammengefasst. Man erhält den Wert einer Stelle, indem man die vorangegangene Stelle mit 2 multipliziert.

Beispiel: $\cdot 2$ $\cdot 2$ $\cdot 2$ $\cdot 2$ $\cdot 2$

...	32er	16er	8er	4er	2er	1er
			1	0	1	1
	1	0	1	1	0	0

$(1\,011)_2 = 1 \cdot 8 + 0 \cdot 4 + 1 \cdot 2 + 1 \cdot 1 = 8 + 2 + 1 = 11$

$(101\,100)_2 = 1 \cdot 32 + 0 \cdot 16 + 1 \cdot 8 + 1 \cdot 4 + 0 \cdot 2 + 0 \cdot 1$
$= 32 + 8 + 4 = 44$

Hinweis: Auf diese Weise funktioniert jede Art von System.

Runden von Zahlen

Kommt es bei einer großen Zahl nicht exakt auf den Wert der Einer-, Zehner- oder Hunderterstelle an, so kann man diese Zahl runden. Dabei muss man sich entscheiden, auf welche Stelle man die Zahl sinnvoll rundet.

- Ist die Ziffer rechts von der Rundungsstelle 0, 1, 2, 3, 4, so wird **abgerundet**. Die Rundungsziffer bleibt erhalten.
- Ist die Ziffer rechts von der Rundungsstelle 5, 6, 7, 8, 9, so wird **aufgerundet**. Zur Rundungsziffer wird 1 hinzuaddiert.
- Alle Ziffern rechts von der Rundungsstelle werden null.
- Ist die Rundungsziffer eine 9, so verändert sich nicht nur die Rundungsziffer, sondern auch die Ziffern davor.

Beispiele:
Runden auf volle Zehner:
a) 340, 341, 342, 343, 344 wird abgerundet auf 340.
b) 345, 346, 347, 348, 349 wird aufgerundet auf 350.

Rechnen mit natürlichen Zahlen

Addition

Addition	245 1. Summand	+	34 2. Summand	=	279 Summe

Es gibt zwei wichtige Rechengesetze der Addition:

Kommutativgesetz	a + b = b + a Die beiden Summanden können vertauscht werden.

Assoziativ-gesetz	$(a + b) + c = a + (b + c) = a + b + c$ Bei einer Summe mit 3 oder mehr Summanden dürfen an beliebigen Stellen Klammern gesetzt werden. Aus diesem Grund darf man bei der Addition auch Klammern weglassen.

Achtung: Diese beiden Gesetze dürfen auf keinen Fall bei der Subtraktion angewendet werden.

Subtraktion

Subtraktion	275 Minuend	−	75 Subtrahend	=	200 Differenz

Multiplikation

Multiplikation	25 1. Faktor	·	6 2. Faktor	=	150 Produkt

Auch bei der Multiplikation gelten:

Kommutativ-gesetz	$a \cdot b = b \cdot a$ Die beiden Faktoren dürfen vertauscht werden.
Assoziativ-gesetz	$(a \cdot b) \cdot c = a \cdot (b \cdot c) = a \cdot b \cdot c$ Bei einem Produkt aus drei oder mehreren Faktoren dürfen beliebig Klammern gesetzt werden. Deshalb dürfen die Klammern auch weggelassen werden.

Achtung: Kommutativgesetz und Assoziativgesetz dürfen nicht bei der Division angewendet werden.

Wichtige Regeln der Multiplikation	Beispiele
Ist bei der Multiplikation einer der beiden Faktoren 0, so ist auch das Produkt 0.	$2 \cdot 0 = 0$
Multipliziert man eine Zahl mit 1, so ist der erste Faktor mit dem Produkt identisch.	$5 \cdot 1 = 5$

Division

Division	500 Dividend	:	50 Divisor	=	10 Quotient

Wichtige Regeln der Division	Beispiele
Dividiert man 0 durch eine andere Zahl, so ist der Quotient ebenso 0.	$0 : 6 = 0$
Durch 0 darfst Du **niemals** dividieren.	~~12 : 0~~
Dividiert man eine Zahl durch 1, so ist der Dividend mit dem Quotienten identisch.	$45 : 1 = 45$

Distributivgesetz (Verteilungsgesetz)

Die Rechenarten Addition, Subtraktion, Multiplikation und Division treten nicht immer nur getrennt auf, sondern auch in Verbindung miteinander.
Bei der Kombination **Multiplikation und Addition bzw. Subtraktion** kannst du zuerst multiplizieren oder zuerst addieren bzw. subtrahieren. Beides ist möglich.
Bei der Kombination **Division und Addition bzw. Subtraktion** ist es genauso. Du kannst zuerst dividieren oder zuerst addieren bzw. subtrahieren. Sieh dir dazu die Tabelle auf S. 18 an!

Distributivgesetz für Multiplikation und Addition
$a \cdot (b + c) = a \cdot b + a \cdot c$
1. Rechenmöglichkeit: $6 \cdot (5 + 7) = 6 \cdot 5 + 6 \cdot 7 = 30 + 42 = 72$
2. Rechenmöglichkeit: $6 \cdot (5 + 7) = 6 \cdot 12 = 72$
Distributivgesetz für Multiplikation und Subtraktion
$a \cdot (b - c) = a \cdot b - a \cdot c$
1. Rechenmöglichkeit: $8 \cdot (4 - 3) = 8 \cdot 4 - 8 \cdot 3 = 32 - 24 = 8$
2. Rechenmöglichkeit: $8 \cdot (4 - 3) = 8 \cdot 1 = 8$
Distributivgesetz für Division und Addition
$(a + b) : c = a : c + b : c$
1. Rechenmöglichkeit: $(8 + 4) : 2 = 8 : 2 + 4 : 2 = 4 + 2 = 6$
2. Rechenmöglichkeit: $(8 + 4) : 2 = 12 : 2 = 6$
Distributivgesetz für Division und Subtraktion
$(a - b) : c = a : c - b : c$
1. Rechenmöglichkeit: $(12 - 6) : 3 = 12 : 3 - 6 : 3 = 4 - 2 = 2$
2. Rechenmöglichkeit: $(12 - 6) : 3 = 6 : 3 = 2$

Hinweis: Da das Kommutativgesetz nicht für die Division gilt, darf man das Distributivgesetz nicht anwenden, wenn die Klammer **hinter** dem Geteiltzeichen steht.

Potenzieren von natürlichen Zahlen

Wird eine Zahl mehrfach mit sich selbst multipliziert, so kann man sie durch eine Potenz darstellen.

Beispiel: $3^4 = 3 \cdot 3 \cdot 3 \cdot 3 = 81$

Die Zahl 3 heißt Basis oder Grundzahl, die Zahl 4 heißt Exponent oder Hochzahl. Es gilt: $3^1 = 3$; $3^0 = 1$

Teiler und Vielfache

- Eine Zahl b heißt **Teiler** einer Zahl a, wenn b die Zahl a ohne Rest teilt.

  $a : b = x$

Beispiel: $6 : 2 = 3$

- Eine Zahl a ist ein **Vielfaches** von b, wenn b mit 1, 2, 3, 4, ... multipliziert die Zahl a ergibt.

  $b \cdot x = a$

Beispiel: $2 \cdot 3 = 6$

- Dann gilt auch:
  Ist b ein Teiler von a, so ist a auch ein Vielfaches von b.

Teilbarkeitsregeln

Teiler	Teilbarkeitsregel	Beispiel
2	Eine natürliche Zahl ist immer dann durch 2 teilbar, wenn die **letzte Ziffer** durch 2 teilbar ist, also 0, 2, 4, 6, 8 (gerade Zahlen).	456 $6 : 2 = 3$ $456 : 2 = 228$
3	Eine natürliche Zahl ist immer dann durch 3 teilbar, wenn die **Summe aller Ziffern** (Quersumme) durch 3 teilbar ist.	723 $\mathbf{7 + 2 + 3} = 12$ $12 : 3 = 4$ $723 : 3 = 241$

4	Eine natürliche Zahl ist immer dann durch 4 teilbar, wenn die **letzten beiden Ziffern** eine durch 4 teilbare Zahl sind.	**65**32 32 : 4 = 8 6532 : 4 = 1633
5	Eine natürliche Zahl ist immer dann durch 5 teilbar, wenn die **letzte Ziffer** eine 0 oder 5 ist.	486**0** 4860 : 5 = 972
6	Eine natürliche Zahl ist immer dann durch 6 teilbar, wenn sie **sowohl durch 2 als auch durch** 3 teilbar ist.	132 132 : **2** = 66 132 : **3** = 44 132 : 6 = 22
8	Eine natürliche Zahl ist immer dann durch 8 teilbar, wenn **die letzten drei Ziffern** eine durch 8 teilbare Zahl sind.	7**520** 520 : 8 = 65 7520 : 8 = 940 3**000** 000 : 8 = 0 (s. Divisionsregel S. 17) 3000 : 8 = 375
9	Eine natürliche Zahl ist immer dann durch 9 teilbar, wenn die **Summe aller Ziffern** (Quersumme) durch 9 teilbar ist.	3168 **3** + **1** + **6** + **8** = 18 18 : 9 = 2 3168 : 9 = 352
10	Eine natürliche Zahl ist immer dann durch 10 teilbar, wenn die letzte Ziffer eine 0 ist.	453**0** 4530 : 10 = 453

Primzahlen

- Primzahlen sind natürliche Zahlen, die genau 2 Teiler besitzen, nämlich sich selbst und die Zahl 1.
- Die Zahl 1 ist keine Primzahl.
- Es gibt unendlich viele Primzahlen.
- Jede natürliche Zahl kann als Produkt von Primzahlen geschrieben werden. Dieses Produkt nennt man die **Primfaktorzerlegung der Zahl**. Es existiert für jede Zahl **nur eine Möglichkeit** sie als Produkt von Primzahlen zu schreiben.

Beispiel: Primfaktorzerlegung

$$\begin{aligned} 342 &= 2 \cdot 171 \\ &= 2 \cdot 3 \cdot 57 \\ &= 2 \cdot 3 \cdot 3 \cdot 19 \\ &= 2 \cdot 3^2 \cdot 19 \end{aligned}$$

2.2 Ganze Zahlen

Lern-Video
www.sofatutor.com/klett/8s

Definition

$\mathbb{Z} = \{...; -3; -2; -1; 0; 1; 2; 3; ...\}$

- Erweitert man den Zahlenstrahl der natürlichen Zahlen um den Bereich links von der Null zu einer Zahlengeraden, so erhält man die **negativen Zahlen**. Diese Zahlen unter 0 schreibt man mit einem Minuszeichen. Dieses Minuszeichen ist kein Rechenzeichen, sondern ein **Vorzeichen**.
- Zahlen mit einem Pluszeichen davor nennt man **positive Zahlen**.

- Die Null ist weder positiv noch negativ.
- Die natürlichen Zahlen (0; 1; 2 ; 3; ...) und die negativen Zahlen (−1; −2; −3; ...) zusammen bilden die **ganzen Zahlen**.

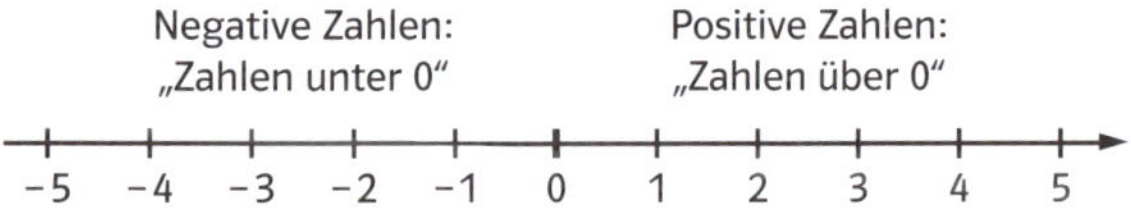

Hinweis: Negative Zahlen sind kleiner als positive.

Besonders wichtig: Rechengesetze

Addieren einer positiven Zahl

Figur 1: Um zu einer negativen Zahl eine positive Zahl zu addieren, bewegen wir uns von der negativen Zahl aus um die positive Zahl nach rechts.

Figur 2: Dabei kann es vorkommen, dass die Null überschritten wird.

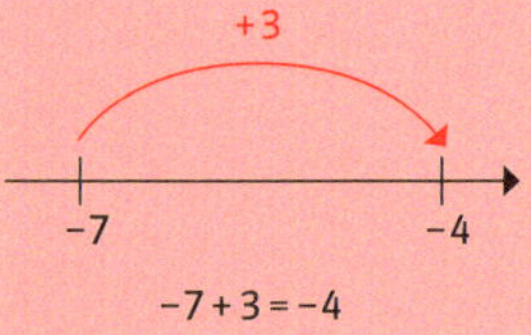

Figur 1

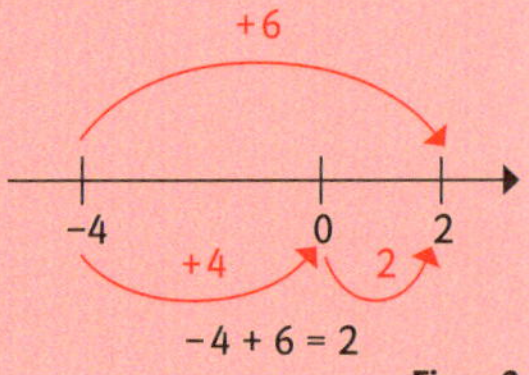

Figur 2

Subtrahieren einer positiven Zahl

Figur 3: Um von einer negativen Zahl eine positive Zahl zu subtrahieren, bewegen wir uns auf der Zahlengeraden um die positive Zahl nach links. Die dabei entstehende Zahl ist wieder negativ.

Figur 4: Sind beide Zahlen positiv, so kann das Ergebnis dennoch negativ sein. Dies ist der Fall, wenn der Subtrahend (+6) größer ist als der Minuend (+4).

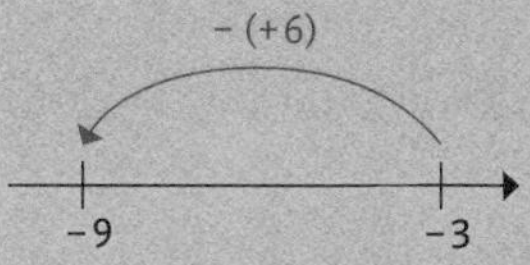

$-3-(+6)=-3-6=-9$

Figur 3

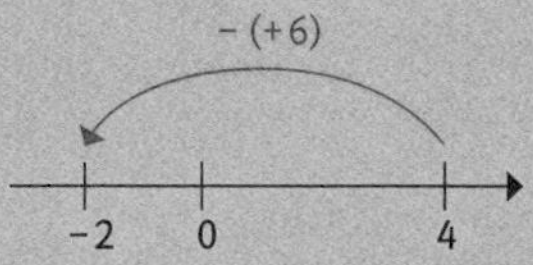

$4-(+6)=4-6=-2$

Figur 4

Addieren einer negativen Zahl

Um zu einer Zahl eine negative Zahl zu addieren, bewegt man sich auf der Zahlengeraden nach links.

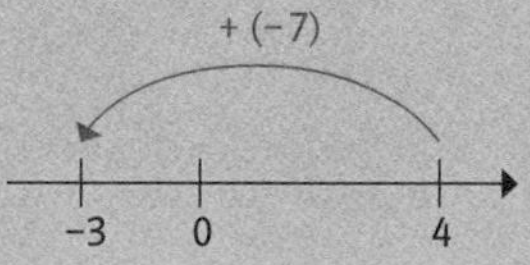

$+4+(-7)=4-7=-3$

Figur 5

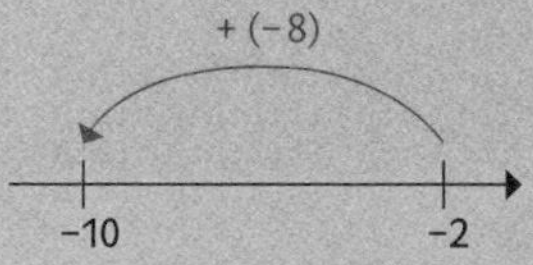

$-2+(-8)=-2-8=-10$

Figur 6

Subtrahieren einer negativen Zahl

Um von einer Zahl eine negative Zahl zu subtrahieren, bewegt man sich auf der Zahlengeraden nach rechts.

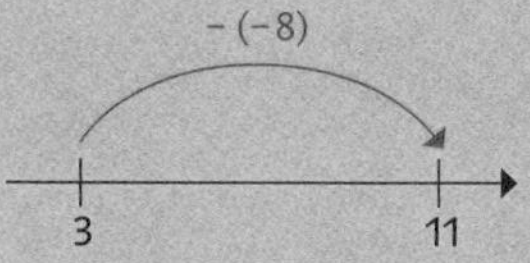

$3-(-8)=3+8=11$

Figur 7

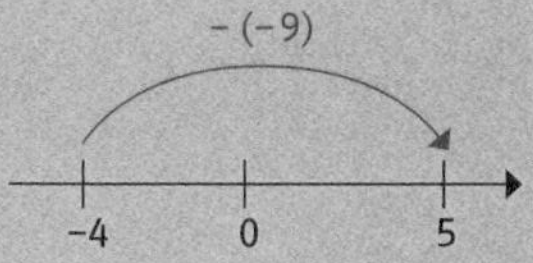

$-4-(-9)=-4+9=5$

Figur 8

Multiplikation von ganzen Zahlen

1. Faktor	·	2. Faktor	Produkt
Positive Zahl	·	Positive Zahl	Positiv
Negative Zahl	·	Negative Zahl	Positiv
Positive Zahl	·	Negative Zahl	Negativ
Negative Zahl	·	Positive Zahl	Negativ

Division von zwei ganzen Zahlen

Dividend	:	Divisor	Quotient
Positive Zahl	:	Positive Zahl	Positiv
Negative Zahl	:	Negative Zahl	Positiv
Positive Zahl	:	Negative Zahl	Negativ
Negative Zahl	:	Positive Zahl	Negativ

Achtung:
Bei Rechenausdrücken mit negativen Zahlen gilt
- Klammern zuerst berechnen, dabei von innen nach außen arbeiten.
- Punktrechnung vor Strichrechnung.
- Beim Vertauschen der Reihenfolge von Zahlen muss man die Vorzeichen vor jeder Zahl mitnehmen.

2.3 Bruchzahlen

Grundlagen

$\frac{a}{b} = \frac{\text{Zähler}}{\text{Nenner}}$ $\frac{1}{2}$; $\frac{2}{7}$; $\frac{3}{11}$; $2\frac{4}{13}$; ...

Um **Anteile eines Ganzen** zu beschreiben, benutzt man **Brüche.**
Die Zahl oberhalb des Striches heißt **Zähler**, die Zahl unterhalb des Striches heißt **Nenner** des Bruches.

- Brüche, bei denen der Zähler kleiner ist als der Nenner, nennt man echte **Brüche**.
- Ist der Zähler größer oder gleich dem Nenner, so heißen sie **unechte Brüche**.
- Wenn mehrere Brüche den gleichen Nenner haben, nennt man sie **gleichnamig**.

Beispiele:

echte Brüche	unechte Brüche	gleichnamige Brüche
$\frac{2}{3}$; $\frac{10}{21}$; $\frac{1}{9}$	$\frac{5}{4}$; $\frac{23}{23}$; $\frac{9}{7}$	$\frac{2}{3}$; $\frac{10}{3}$; $\frac{35}{3}$

- Brüche kann man genauso wie natürliche oder ganze Zahlen auf einer Zahlengeraden anordnen. Dabei ordnet man einem Punkt auf der Zahlengeraden eine **Bruchzahl** zu.

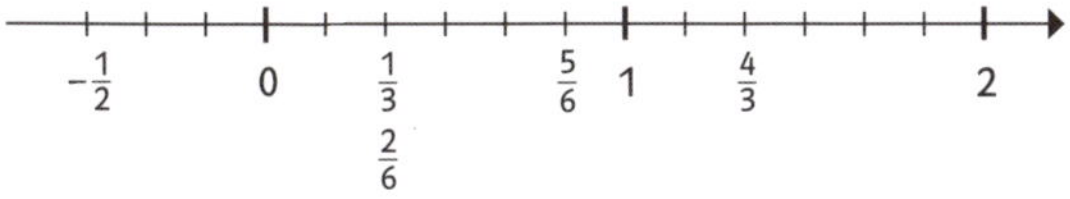

Rechnen mit Brüchen

Erweitern und Kürzen

Multipliziert man den Zähler und den Nenner eines Bruches mit der gleichen Zahl, so sagt man der Bruch wurde **erweitert**.

Dividiert man den Zähler und den Nenner durch die gleiche Zahl, so sagt man der Bruch wurde **gekürzt**.

Beispiele:	
Erweitern	Kürzen
$\frac{a}{b} = \frac{a \cdot x}{b \cdot x} \quad (x \neq 0)$	$\frac{a}{b} = \frac{a : x}{b : x} \quad (x \neq 0)$
$\frac{1}{2} = \frac{1 \cdot 4}{2 \cdot 4} = \frac{4}{8}$	$\frac{4}{8} = \frac{4 : 4}{8 : 4} = \frac{1}{2}$

Wird ein Bruch erweitert oder gekürzt, so haben der ursprüngliche und der entstandene Bruch denselben Wert.

Addition und Subtraktion von Brüchen

Brüche mit dem **gleichen Nenner** addiert bzw. subtrahiert man, indem man die Zähler miteinander addiert bzw. subtrahiert und den Nenner beibehält.

Beispiele:	
Addition von Brüchen	Subtraktion von Brüchen
$\frac{5}{3} + \frac{1}{3} = \frac{5+1}{3} = \frac{6}{3} = 2$	$\frac{21}{15} - \frac{13}{15} = \frac{21-13}{15} = \frac{8}{15}$

Brüche mit **verschiedenen Nennern** kann man erst addieren bzw. subtrahieren, wenn sie den gleichen Nenner haben, also **gleichnamig** sind. Durch Erweitern oder Kürzen bringt man die beiden Brüche auf den gleichen Nenner. Dann kann man sie wie gewohnt addieren bzw. subtrahieren.

Beispiel:

$\frac{7}{12} + \frac{1}{3} = \frac{7}{12} + \frac{1 \cdot 4}{3 \cdot 4} = \frac{7}{12} + \frac{4}{12} = \frac{11}{12}$

Multiplikation von Brüchen

Multipliziert man einen Bruch mit einer **natürlichen Zahl**, so wird der Zähler mit dieser Zahl multipliziert und der Nenner beibehalten.

Multipliziert man einen Bruch mit einer **ganzen Zahl**, so bestimmt man zuerst das Vorzeichen des Ergebnisses und rechnet dann wie bei natürlichen Zahlen.

Beispiele:

Bruch · natürliche Zahl	Bruch · ganze Zahl
$5 \cdot \frac{1}{12} = \frac{5 \cdot 1}{12} = \frac{5}{12}$	$-7 \cdot \frac{3}{5} = -\frac{7 \cdot 3}{5} = -\frac{21}{5}$

Zwei Brüche werden miteinander multipliziert, indem man alles auf einen Bruchstrich schreibt und Zähler mit Zähler sowie Nenner mit Nenner multipliziert. Haben die Brüche negative Vorzeichen, so berechnet man zuerst das Vorzeichen des Ergebnisses.

Beispiel: Bruch · Bruch

$\frac{2}{3} \cdot \left(-\frac{1}{2}\right) = -\frac{2 \cdot 1}{3 \cdot 2} = -\frac{2}{6} = -\frac{1}{3}$

Tipp: Bevor man den Zähler oder Nenner mit einer Zahl multipliziert, ist es sinnvoll zu überprüfen, ob man kürzen kann.

Division von Brüchen

Dividiert man einen Bruch durch eine **natürliche Zahl**, so gibt es 2 Möglichkeiten.

1. Möglichkeit:
Nur anzuwenden, wenn der Zähler durch die natürliche Zahl **ohne Rest** teilbar ist. Man dividiert den Zähler durch die natürliche Zahl und behält den Nenner bei.

2. Möglichkeit:
Immer anwendbar. Man multipliziert den Nenner mit der natürlichen Zahl und behält den Zähler bei.

Dividiert man einen Bruch durch eine **ganze Zahl**, so bestimmt man zuerst das Vorzeichen des Ergebnisses und rechnet dann wie bei natürlichen Zahlen.

Beispiele:	
Bruch : natürliche Zahl/ganze Zahl	
1. Möglichkeit $\frac{6}{11} : 2 = \frac{6:2}{11} = \frac{3}{11}$	2. Möglichkeit $\frac{3}{7} : 5 = \frac{3}{7 \cdot 5} = \frac{3}{35}$

Zwei Brüche werden dividiert, indem man mit dem Kehrwert des Bruches multipliziert.

Den **Kehrwert** eines Bruches erhält man, indem man den Zähler mit dem Nenner vertauscht.

Beispiel: Bruch : Bruch

$\frac{3}{5} : \boxed{\frac{7}{8}} = \frac{3}{5} \cdot \boxed{\frac{8}{7}} = \frac{3 \cdot 8}{5 \cdot 7} = \frac{24}{35}$

Hinweis: Es gibt auch Brüche mit Dezimalzahlen!

Beispiel: $\frac{2}{2{,}5} = \frac{2}{\frac{25}{10}} = 2 \cdot \frac{10}{25} = \frac{20}{25}$

2.4 Rationale Zahlen

Definition

$\mathbb{Q} = \left\{ \frac{1}{2}; \frac{1}{3} = 0,\overline{3}; \frac{3}{4}; \ldots; 1,5; 4,7; \ldots \right\}$

Die Bruchzahlen zusammen mit den abbrechenden und den periodischen Dezimalzahlen bilden den Zahlenbereich der rationalen Zahlen.

Dezimalzahlen

Umformen eines Bruches in eine Dezimalzahl

Will man aus einem Bruch eine Dezimalzahl machen, so muss man den Bruch erweitern, bis der Nenner eine Zehnerpotenz ist. Beträgt der Nenner des Bruches 10; 100; 1000; ..., so hat die Dezimalzahl eine, zwei, drei, ... Stellen hinter dem Komma.

Beispiele:

a) $\frac{1}{5} = \frac{2}{10} = 0,2$ b) $\frac{3}{8} = \frac{3 \cdot 125}{8 \cdot 125} = \frac{375}{1000} = 0,375$

Umformen einer Dezimalzahl in einen Bruch

Die Anzahl der Stellen hinter dem Komma bestimmt den Nenner des Bruches.

Hat die Dezimalzahl ein, zwei, drei, ... Stellen hinter dem Komma, so hat der Bruch den Nenner 10; 100; 1000; ... .

Beispiele:

a) $7,5 = \frac{75}{10} = \frac{15}{2}$ b) $1,25 = \frac{125}{100} = \frac{5}{4}$

2.5 Reelle Zahlen

Definition

$\mathbb{R} = \left\{7{,}5; \frac{3}{4}; \pi; \frac{1}{3} = 0{,}333...; 1{,}234...; \sqrt{2}\right\}$

Die rationalen Zahlen $\mathbb{Q} = \left\{7{,}5; \frac{3}{4}; -1; \frac{1}{3} = 0{,}333...\right\}$ zusammen mit den irrationalen Zahlen $\left\{1{,}234...; \pi; \sqrt{2}\right\}$ bilden die Menge der **reellen Zahlen** $\mathbb{R}$.

Rationale Zahlen kann man als Brüche und als abbrechende oder periodische Dezimalzahlen darstellen.
Irrationale Zahlen sind Dezimalzahlen, die weder abbrechen noch periodisch sind. Man kann sie nicht als Bruch darstellen. Sie haben unendlich viele Nachkommastellen.

Quadratwurzeln

Definition

Wurzel		
$\sqrt{a}$ – Wurzelzeichen (↙ zum Zeichen), Radikand (↖ zu a)	Gesprochen: Wurzel aus a	$\sqrt[2]{a} = \sqrt{a}$

Unter der **Quadratwurzel von a** versteht man eine nicht negative Zahl x, die quadriert a ergibt. (Wurzel: Umkehrung der Potenz)
$x^2 = a$ bedeutet dasselbe wie $\sqrt[2]{a} = x$
$2^2 = 4$ bedeutet dasselbe wie $\sqrt[2]{4} = 2$
Das Wurzelziehen nennt man auch Radizieren.

Rechnen mit Wurzeln

Für Produkte gilt:
$\sqrt{a} \cdot \sqrt{b} = \sqrt{a \cdot b}$ wobei a, b nicht negativ sein dürfen.

Für Quotienten gilt:

$\frac{\sqrt{a}}{\sqrt{b}} = \sqrt{\frac{a}{b}}$ wobei a, b nicht negativ sein dürfen.

Hinweis: Die Wurzel kann nicht aus einer negativen Zahl gezogen werden!

Lehrer-Tipp: Alle Zahlenmengen auf einen Blick

Natürliche Zahlen	$\mathbb{N} = \{0; 1; 2; 3; 4; 5; 6; ...\}$*	Die natürlichen Zahlen ohne die 0 schreibt man: $\mathbb{N} \setminus \{0\} = \{1; 2; 3; ...\}$
Ganze Zahlen	$\mathbb{Z} = \{...; -3; -2; -1; 0; 1; 2; 3; ...\}$	
Rationale Zahlen	$\mathbb{Q} = \left\{-\frac{1}{2}; -0{,}\overline{3}; ...; \frac{1}{2}; 0{,}\overline{3}; 1{,}5\right\}$	$\mathbb{Q}$ = Bruchzahlen $\left(-\frac{1}{2}\right)$, periodische Dezimalzahlen $(0{,}\overline{3})$, abbrechende Dezimalzahlen (1,5) ➝ Rationale Zahlen können positiv und negativ sein!
Reelle Zahlen	$\mathbb{R} = \left\{7{,}5; \frac{3}{4}; \pi; \sqrt{2}\right\}$	$\mathbb{R}$ = Rationale Zahlen $\left(7{,}5; \frac{3}{4}\right)$, Irrationale Zahlen $\left(\pi; \sqrt{2}\right)$
Irrationale Zahlen	$\mathbb{I} = \{\pi; \sqrt{2}; e\}$	Irrationale Zahlen sind nicht periodisch und unendlich lang Z.B.: $\pi = 3{,}141592653589793238462643383279502884197...$ usw.

* In manchen Büchern wird die Null nicht zu den natürlichen Zahlen gerechnet. Das ist auch richtig.

Algebra

3 Potenzen und Logarithmen

QUICK-FINDER

3.1 Potenzen

Potenzen mit natürlichen Exponenten

Ein Produkt aus lauter gleichen Faktoren a kann man als **Potenz** schreiben:

$a \cdot a \cdot a \cdot \ldots \cdot a \cdot a = a^n \quad (n \in \mathbb{N};\ n > 1)$

n gleiche Faktoren a werden zu der Potenz „a hoch n“

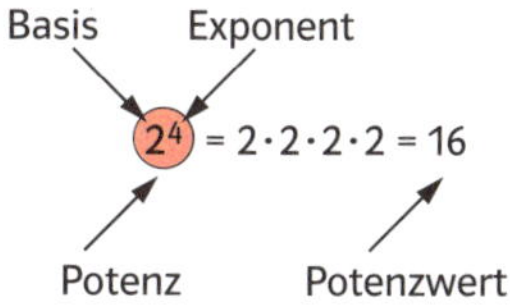

Potenzen mit ganzen Exponenten

Rechenregeln für Potenzen	Beispiele
$a^0 = 1$	$5^0 = 1$
$a^1 = a$	$11^1 = 11$
$a^{-1} = \frac{1}{a}$	$3^{-1} = \frac{1}{3}$
$\frac{1}{a^n} = a^{-n} \quad (a \neq 0;\ n \in \mathbb{N})$	$\frac{1}{7^3} = 7^{-3}$
$0^n = 0$	$0^3 = 0$

Zehnerpotenzen

Potenzen mit der Basis 10 nennt man **Zehnerpotenzen.** Man benutzt sie um sehr große oder sehr kleine Zahlen darzustellen.

Beispiele: 10^2; 10^{17}; 10^{-34}

Zehnerpotenzen verwendet man nicht nur alleine, sondern auch in Verbindung mit anderen Zahlen. So kann man z.B. die Zahl 85 000 000 000 mit Hilfe von Zehnerpotenzen darstellen:

Beispiel: $85\,000\,000\,000 = 85 \cdot 10^9 = 8{,}5 \cdot 10^{10}$

$8{,}5 \cdot 10^{10}$ nennt man auch **Normdarstellung** dieser Zahl. Sie ist das Produkt einer Zahl mit einer von Null verschiedenen Ziffer vor dem Komma und einer Zehnerpotenz.

Potenzen mit reellen Exponenten

Hier unterteilt man in Potenzen mit rationalen und irrationalen Exponenten.

Für Potenzen mit **rationalen Exponenten** gilt:

$a^{\frac{1}{q}} = \sqrt[q]{a}$; $a^{-\frac{1}{q}} = \frac{1}{\sqrt[q]{a}}$; $a^{\frac{p}{q}} = \sqrt[q]{a^p}$; $a^{-\frac{p}{q}} = \frac{1}{\sqrt[q]{a^p}}$

wobei $a > 0$, $p \in \mathbb{N}$; $q \in \mathbb{N} \setminus \{0, 1\}$

Beispiel: $16^{\frac{1}{2}} = \sqrt[2]{16} = 4$

Für Potenzen mit **irrationalen Exponenten** gilt:

Für positive Basen ($a \in \mathbb{R}^+$) ist das Ergebnis einer Potenz mit irrationalem Exponenten eine eindeutig bestimmte reelle Zahl.

Beispiel: $2^{\sqrt{3}} = 2^{1{,}732\ldots} \approx 3{,}322$

3.2 Potenzgesetze

Lern-Video
www.sofatutor.com/klett/8t

1. Potenzgesetz

- Potenzen mit gleicher Basis werden multipliziert, indem man die Exponenten addiert und die Basis beibehält.

$$a^x \cdot a^y = a^{x+y}$$

Beispiel: $5^3 \cdot 5^{12} = 5^{3+12} = 5^{15}$

- Potenzen mit gleicher Basis werden dividiert, indem man die Exponenten subtrahiert und die Basis beibehält:

$$a^x : a^y = a^{x-y}$$

Beispiel: $5^3 : 5^{12} = 5^{3-12} = 5^{-9}$

2. Potenzgesetz

- Potenzen mit gleichem Exponenten werden multipliziert, indem man die Basen multipliziert und den Exponenten beibehält.

$$a^x \cdot b^x = (a \cdot b)^x$$

Beispiel: $7^3 \cdot 5^3 = (7 \cdot 5)^3 = 35^3$

- Potenzen mit gleichem Exponenten werden dividiert, indem man die Basen dividiert und den Exponenten beibehält.

$$a^x : b^x = \left(\frac{a}{b}\right)^x$$

Beispiel: $36^6 : 3^6 = \left(\frac{36}{3}\right)^6 = 12^6$

3. Potenzgesetz

Eine Potenz wird potenziert, indem man die Exponenten multipliziert und die Basis beibehält.

$$(a^x)^y = a^{x \cdot y}$$

Beispiel: $(8^2)^9 = 8^{2 \cdot 9} = 8^{18}$

Achtung: Diese Gesetze gelten sowohl für

- reelle Basis ($a, b \in \mathbb{R} \setminus \{0\}$) und ganzzahligen Exponenten ($x, y \in \mathbb{Z}$) als auch für
- positive Basis ($a, b \in \mathbb{R}^+$) und reelle Exponenten ($x, y \in \mathbb{R}$)

Hinweis: Die verschiedenen Zahlenmengen und ihre Symbole ($\mathbb{N}$; $\mathbb{Z}$; $\mathbb{Q}$; $\mathbb{R}$) findest du in einer übersichtlichen Tabelle auf S. 31!

3.3 Logarithmen

Definition des Logarithmus

Das **Logarithmieren** ist die Umkehrung des Potenzierens einer Basis. Dabei wird der Exponent gesucht. Das Ergebnis des Logarithmierens gibt an, mit welchem Exponenten man b potenzieren muss, damit man a erhält.

Ist $b \in \mathbb{R}^+ \setminus \{1\}$ und $a = b^x$, so gilt: $x = \log_b a$

Gesprochen: **Logarithmus von a zur Basis b** oder kurz: b-Logarithmus von a.
Es gibt auch eine andere Schreibweise: $x = {}_b\log a$. Beide sind richtig.

Hinweise:

- Zu negativen Zahlen existiert kein Logarithmus.
- Der Logarithmus einer Zahl kann allerdings negativ sein.

Besonders wichtig: Logarithmengesetze

Logarithmengesetze	Beispiele
Für $b, u, v \in \mathbb{R}^+, b \neq 1$ gilt:	
$\log_b(u \cdot v)$ $= \log_b u + \log_b v$	$\log_{10}(3 \cdot 5)$ $= \log_{10} 3 + \log_{10} 5$
$\log_b\left(\frac{u}{v}\right) = \log_b u - \log_b v$	$\log_2\left(\frac{4}{5}\right) = \log_2 4 - \log_2 5$
$\log_b u^v = v \cdot \log_b u$	$\log_4 6^3 = 3 \cdot \log_4 6$
$\log_b \sqrt[n]{a} = \frac{1}{n} \cdot \log_b a$	$\log_5 \sqrt[3]{7}$ $= \log_5 7^{\frac{1}{3}} = \frac{1}{3} \log_5 7$

3.4 Prozentrechnung

Grundbegriffe

Allgemein gilt: $p\,\% = \frac{p}{100}$

Herleitung: Anteile kann man als Bruchteil oder in Prozent angeben:

Beispiel:

$\frac{1}{4}$ bedeutet z.B. $\frac{1}{4}$ eines ganzen Kuchens oder in Prozent 25 % eines ganzen Kuchens.

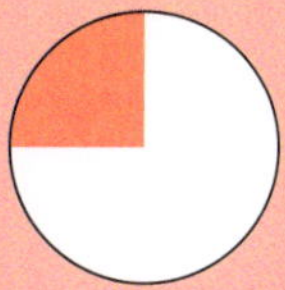

$\frac{1}{4}$

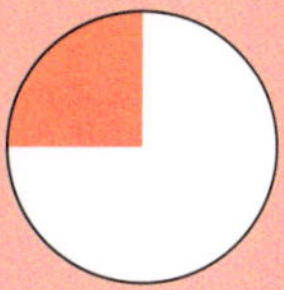

25 % eines Ganzen

Für 25 % schreibt man auch $\frac{25}{100} = \frac{1}{4}$.

Die Begriffe der Bruchrechnung werden folgendermaßen auf die Prozentrechnung übertragen:

Bruchrechnung:	$\frac{3}{4}$	von	100 g	sind	75 g
	↑		↑		↑
	Anteil		Ganzes		Anteil am Ganzen

Prozentrechnung:	75 %	von	100 g	sind	75 g
	↑		↑		↑
	Prozentsatz		**Grundwert**		**Prozentwert**
	p %		**G**		**W**

Rechenregeln

Prozentwert

Den **Prozentwert** berechnet man, indem man den Prozentsatz mit dem Grundwert multipliziert.

$$W = p\,\% \cdot G = \frac{p}{100} \cdot G = \frac{p \cdot G}{100}$$

Beispiel:
Wie viel sind 30 % von 270 Euro?

$$W = 30\,\% \cdot 270\,€ = \frac{30}{100} \cdot 270\,€ = 81\,€$$

Prozentsatz

Den **Prozentsatz** berechnet man, indem man den Prozentwert durch den Grundwert dividiert und das Ergebnis mit 100 multipliziert.

$$p\,\% = \frac{W}{G} \cdot 100$$

Beispiel:
Wie viel Prozent sind 56 € von 287 €?

$$p\,\% = \frac{56}{287} \cdot 100 = 19{,}5\,\%$$

Grundwert

Den **Grundwert** berechnet man, indem man den Prozentwert durch den Prozentsatz dividiert.

$$G = \frac{W}{p\,\%} = W \cdot \frac{100}{p}$$

Beispiel:

Wie hoch ist der Grundwert, wenn 20 % vom Grundwert 48 € betragen?

$$G = \frac{48\,€}{20\,\%} = 48\,€ \cdot \frac{100}{20} = 240\,€$$

Algebra

4 Gleichungen und Ungleichungen

QUICK-FINDER

4.1 Terme mit Variablen

Grundbegriffe

Ein **Term** ist ein sinnvoller mathematischer Rechenausdruck, der aus Zahlen, Variablen, mathematischen Verknüpfungen (+; −; ...) und Klammern bestehen kann.
Er enthält jedoch keine Relationszeichen (=; >; <; ...).

Beispiel: $5x + 7y + 8x$

Eine **Variable** ist eine Größe, die verschiedene Werte annehmen kann. Variable nennt man auch Unbekannte oder Platzhalter. Eine Zahl vor der Variablen nennt man Koeffizient.

Beispiel: $5x$
Setzt man für $x = 3$ ein, so nimmt der Term den Wert 15 an. Setzt man für $x = 56$, so nimmt er den Wert 280 an.

Rechenregeln für Terme

Addition und Subtraktion

In einem Term dürfen gleiche Variablen mit jedoch unterschiedlichen Koeffizienten miteinander addiert bzw. voneinander subtrahiert werden.
Es gilt das Kommutativ-, das Assoziativ- und das Distributivgesetz. (Siehe auch S. 15 – 18)

Beispiel:
$5x + 4y + 7x - 3y = (5 + 7)x + (4 - 3)y = 12x + 1y$

Auflösen von Klammern

- Eine **Plusklammer** löst man auf, indem man das Pluszeichen vor der Klammer und die Klammer weglässt.

Beispiel: $3 + (-2 + 7) = 3 - 2 + 7 = 8$

- Eine **Minusklammer** löst man auf, indem man bei den Zahlen in der Klammer aus den Pluszeichen ein Minuszeichen und aus den Minuszeichen ein Pluszeichen macht. Das Minuszeichen vor der Klammer und die Klammer werden dann weggelassen.

Beispiel: $10 - (5 - 3) = 10 - 5 + 3 = 8$

Ausmultiplizieren von Klammern

Das Ausmultiplizieren von Klammern wird auf das Distributivgesetz zurückgeführt.

- Man multipliziert einen Faktor mit einem Term, indem man den Faktor mit jedem Glied des Terms multipliziert.

Beispiel: $5 \cdot (3 + 6) = 5 \cdot 3 + 5 \cdot 6 = 15 + 30 = 45$

- Man multipliziert zwei Terme miteinander, indem man jedes Glied des ersten Terms mit jedem Glied des zweiten Terms multipliziert.

Beispiel: $(2 + 7) \cdot (4 - 2) = 2 \cdot 4 + 2 \cdot (-2) + 7 \cdot 4 + 7 \cdot (-2)$
$= 8 - 4 + 28 - 14 = 18$

Ausklammern

Auch das Ausklammern wird auf das Distributivgesetz zurückgeführt. Wenn alle Glieder des Terms einen gemeinsamen Teiler haben, kann man diesen vor die Klammer schreiben, sodass beim Ausmultiplizieren wieder der ursprüngliche Term entstehen würde.

Beispiel: $28 + 14 = 7 \cdot (4 + 2)$

Grundregeln für Terme:

1. Klammern werden immer zuerst berechnet. Dabei gilt: innere Klammern vor äußeren Klammern.
2. Punktrechnung vor Strichrechnung.
3. Kommen keine Klammern vor, so wird von links nach rechts gerechnet.

Hinweis:

Wenn Terme mehrere Variable enthalten, muss man beachten, dass man für die gleiche Variable immer die gleiche Zahl einsetzt.

Beispiel:

$5x + 7y + 2x + 4y$

Setze in den Term folgende Werte ein:

$x = 3$ und $y = 2$

$5 \cdot 3 + 7 \cdot 2 + 2 \cdot 3 + 4 \cdot 2 = 15 + 14 + 6 + 8 = 43$

4.2 Gleichungen und Ungleichungen

Lern-Video
www.sofatutor.com/klett/8u

Grundbegriffe

Gleichung =	$15x + 5 = 35$
Ungleichung $<; >; \leqq; \geqq; \neq$	$4 < 5$; $4x \leqq 20$; $6 \neq 7$

Besonders wichtig: Lösungsverfahren

Lösen von Gleichungen: äquivalentes Umformen

Es gibt verschiedene Möglichkeiten, um Gleichungen zu lösen. Man kann z.B. durch „**geschicktes Probieren**" systematisch verschiedene Werte für die Variable x einsetzen und so lange probieren, bis der Term den gewünschten Wert annimmt.

Eine andere Möglichkeit ist das **äquivalente Umformen**. Dabei bleibt die Lösung der Gleichung erhalten. D.h., die ursprüngliche Gleichung ist dann gleichwertig oder äquivalent zur umgeformten Gleichung.

Äquivalenzumformungen:

- Addieren und Subtrahieren der gleichen Zahl oder des gleichen Terms auf beiden Seiten.
- Multiplizieren bzw. Dividieren von beiden Seiten mit dem gleichen Faktor bzw. Divisor. Diese Zahl darf jedoch nicht Null betragen.

Beispiel:

$$
\begin{aligned}
5 \cdot (2v - 7) &= 4v - 17 \quad &&|\ \text{vereinfachen} \\
10v - 35 &= 4v - 17 \quad &&|\ -4v \\
6v - 35 &= -17 \quad &&|\ +35 \\
6v &= 18 \quad &&|\ :6 \\
v &= 3
\end{aligned}
$$

Probe:

Die Probe zeigt dir, ob du die Gleichung richtig gelöst hast. Dazu setzt du dein Ergebnis (hier: $v = 3$) in die ursprüngliche Gleichung ein:

$$
\begin{aligned}
5 \cdot (2 \cdot 3 - 7) &= 4 \cdot 3 - 17 \\
5 \cdot (6 - 7) &= 12 - 17 \\
5 \cdot (-1) &= -5 \\
-5 &= -5
\end{aligned}
$$

Da für $v = 3$ beide Seiten das gleiche Ergebnis liefern, ist die Gleichung richtig gelöst.

Lösen von Ungleichungen

Ungleichungen werden bis auf eine Ausnahme mit den gleichen Äquivalenzumformungen gelöst wie Gleichungen.

Ausnahme: Multipliziert oder dividiert man eine Ungleichung mit einer negativen Zahl, so muss man das Ungleichheitszeichen umkehren.

Achtung: Ungleichungen können mehrere Lösungen besitzen. Diese Lösungen schreibt man als **Lösungsmenge**. Eine Lösungsmenge kann man an einer Zahlengeraden veranschaulichen.

Beispiel:

$$
\begin{aligned}
5 \cdot (2x + 11) &\geq 27 - 3x - 2 \cdot (1 + x) & & \\
10x + 55 &\geq 27 - 3x - 2 - 2x & & \\
10x + 55 &\geq 25 - 5x & & \mid -10x \\
55 &\geq 25 - 15x & & \mid -25 \\
30 &\geq -15x & & \mid :(-15) \quad \textbf{Achtung} \\
-2 &\leq x & &
\end{aligned}
$$

Lösungsmenge: $L = \{x \in \mathbb{R} \mid x \geqq -2\}$

Lösungen sind alle reellen Zahlen größer oder gleich -2.

4.3 Lineare Gleichungen

... mit einer Variablen

Gleichungen der Form $a \cdot x + b = 0$ oder $a \cdot x = -b$ $(a \neq 0)$ kann man nicht nur rechnerisch mittels Äquivalenzumformungen lösen, sondern auch zeichnerisch mittels des Graphen einer linearen Funktion.

Beispiel:

Löse die lineare Gleichung $3x - 4 = 2$ zeichnerisch.

1. Schritt:
Bringe die Gleichung auf die Form $a \cdot x + b = 0$

$3x - 4 = 2 \quad | -2$

$3x - 6 = 0$

2. Schritt:
Zeichne die lineare Funktion
$y = a \cdot x + b = 3x - 6$
in ein Koordinatensystem.

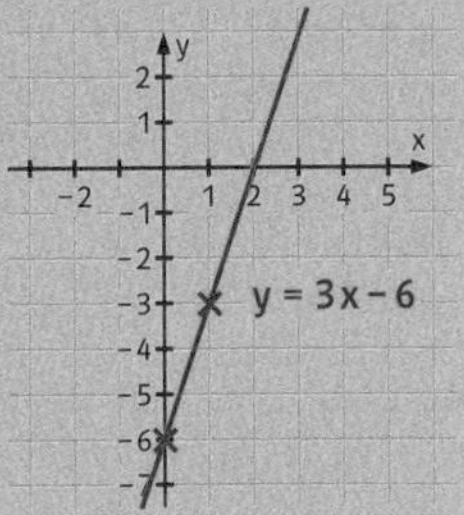

3. Schritt:
Bestimme die Stelle x, an der die Gerade die x-Achse schneidet.
Also: $\mathbb{L} = \{2\}$

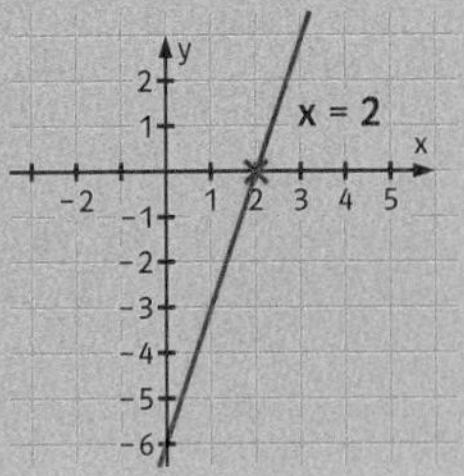

... mit zwei Variablen

Eine Gleichung der Form $a \cdot x + b \cdot y = c$ $(a, b \neq 0)$ heißt lineare Gleichung mit 2 Variablen.

Eigenschaften:

- Die Lösung ist nicht eine einzelne Zahl, sondern ein Zahlenpaar.
- Es gibt unendlich viele Zahlenpaare als Lösung.
- Alle Zahlenpaare der Lösung ergeben eine Gerade.

Beispiel:

Löse folgende lineare Gleichung:

$5x - 7y = 35$

Bringe die Gleichung durch Äquivalenzumformungen auf die Form:

$y = a \cdot x + b$

Auf dieser Geraden liegen alle Lösungspaare der linearen Gleichung.

$$\begin{aligned} 5x - 7y &= 35 && \mid -5x \\ -7y &= -5x + 35 && \mid :(-7) \\ y &= \tfrac{5}{7}x - 5 \end{aligned}$$

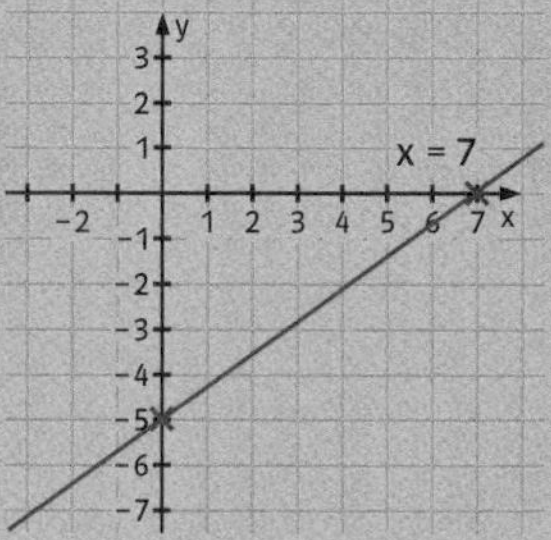

Auf dieser Geraden liegen alle Lösungspaare, z. B. (7; 0).

4

Setzt man für x eine beliebige Zahl ein und berechnet den zugehörigen y-Wert, so ist dieses Zahlenpaar ein mögliches Lösungspaar.
Setzt man für x z.B. 7 ein, so lautet ein mögliches Zahlenpaar der Lösung (7; 0), denn $y = \frac{5}{7}x - 5$

$$y = \frac{5}{7} \cdot 7 - 5 = 0.$$

Lineare Gleichungssysteme

Zwei lineare Gleichungen mit dem gleichen Zahlenpaar als Lösung nennt man ein **lineares Gleichungssystem**.

Zeichnerisches Lösungsverfahren

1. Schritt: Stelle beide linearen Gleichungen in der Form $y = a \cdot x + b$ dar.

$$\begin{array}{ll} \text{I.} & 5y - x = 5 \\ \text{II.} & 4y - x - 2 = 0 \\ \hline \text{I.} & y = \frac{1}{5}x + 1 \\ \text{II.} & y = \frac{1}{4}x + \frac{1}{2}. \end{array}$$

2. Schritt: Zeichne beide Geraden in ein Koordinatensystem ein.

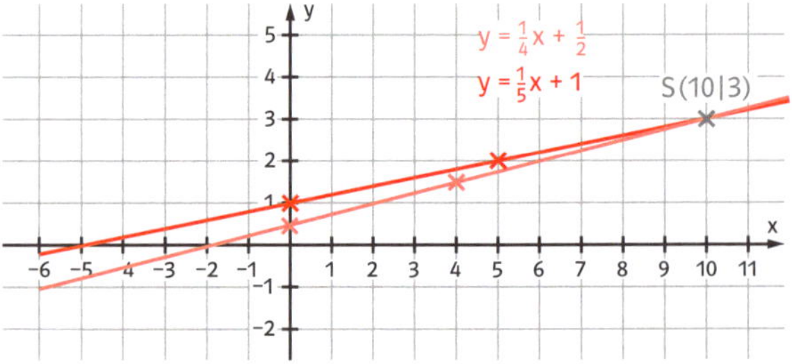

3. Schritt: Der Schnittpunkt der beiden Geraden ist das gesuchte Zahlenpaar.
Lösung: (10; 3)

4. Schritt: Führe eine Probe durch, indem du das Zahlenpaar in beide Gleichungen einsetzt.

Probe:

- Einsetzen von $x = 10$ und $y = 3$ in Gleichung I.

$$\begin{aligned} 5y - x &= 5 \\ 5 \cdot 3 - 10 &= 5 \\ 15 - 10 &= 5 \\ 5 &= 5 \end{aligned}$$

- Einsetzen von $x = 10$ und $y = 3$ in Gleichung II.

$$\begin{aligned} 4y - x - 2 &= 0 \\ 4 \cdot 3 - 10 - 2 &= 0 \\ 12 - 10 - 2 &= 0 \\ 0 &= 0 \end{aligned}$$

In beiden Fällen ist die Probe erfüllt, damit ist (10; 3) die Lösung des linearen Gleichungssystems.

Hinweis: Schneiden sich die beiden Geraden nicht, d.h. sie sind parallel, so hat das lineare Gleichungssystem keine Lösung.
Sind die beiden Geraden identisch, so hat das lineare Gleichungssystem unendlich viele Lösungen.

Rechnerische Lösungsverfahren

Gleichsetzungsverfahren

Die beiden Gleichungen werden nach der gleichen Variablen aufgelöst und gleichgesetzt. Die auf diese Weise bestimmte Variable wird dann in eine der beiden ursprünglichen Gleichungen eingesetzt und man bestimmt die zweite Variable.

Beispiel:

I. $x - y = 6$

II. $\frac{2}{3}x - y = 1$

1. Schritt: Löse beide Gleichungen nach y auf:

I. $y = x - 6$

II. $y = \frac{2}{3}x - 1$

2. Schritt: Setze die beiden Gleichungen gleich und löse sie nach x auf:

$$x - 6 = \frac{2}{3}x - 1 \quad \Big| -\frac{2}{3}x + 6$$

$$\frac{1}{3}x = 5 \quad \Big| :\frac{1}{3}$$

$$x = 15$$

3. Schritt: Setze $x = 15$ in Gleichung I (oder II) ein und löse nach y auf:

$$15 - y = 6$$

$$y = 9$$

Lösungspaar: (15; 9)

Einsetzungsverfahren

Eine der beiden Gleichungen wird nach der einen Variablen aufgelöst und in den Term der anderen Gleichung eingesetzt. Dies führt zu einer Gleichung mit einer Variablen.
Nun löst man die so entstandene Gleichung nach dieser Variablen auf.
Die zweite Variable bestimmt man, indem man die berechnete Variable in eine der Ursprungsgleichungen einsetzt.

Beispiel:

I. $7x + 5y = 3$
II. $7x + 5y = 5$

1. Schritt: Löse Gleichung I nach x auf:

I. $x = -\frac{5}{7}y + \frac{3}{7}$
II. $7x + 5y = 5$

2. Schritt: Setze $x = -\frac{5}{7}y + \frac{3}{7}$ in Gleichung II ein und löse sie auf:

$$7 \cdot \left(-\frac{5}{7}y + \frac{3}{7}\right) + 5y = 5$$
$$-5y + 3 + 5y = 5$$
$$3 = 5$$

Da es sich bei der letzten Gleichung um eine falsche Aussage handelt $(3 \neq 5)$, besitzt das lineare Gleichungssystem keine Lösung.

Additionsverfahren

Man multipliziert oder dividiert eine der beiden Gleichungen mit einer Zahl $(\neq 0)$, sodass bei Addition der Gleichungen eine der beiden Variablen wegfällt.
Danach löst man die neue Gleichung nach ihrer Variablen auf. Den Wert der Variablen setzt man in eine der

ursprünglichen Gleichungen ein und löst nach der anderen Variablen auf.

Beispiel:

I. $6x + 7y = 23$
II. $5x + 7y = 18$

1. Schritt: Multipliziere Gleichung II mit -1:

I. $6x + 7y = 23$
II. $-5x - 7y = -18$

2. Schritt: Addiere die beiden Gleichungen:

I. $6x + 7y = 23$
II. $-5x - 7y = -18$

$x = 5$

3. Schritt: Setze $x = 5$ in Gleichung I (oder II) ein und löse nach y auf:

I. $6 \cdot 5 + 7y = 23$ $\quad y = -1$

II. $5 \cdot 5 + 7y = 18$ $\quad y = -1$

Lösungspaar: $(5; -1)$

4.4 Quadratische Gleichungen

Allgemeines

Eine Gleichung, die man mittels Umformungen auf die Form $ax^2 + bx + c = 0$ $(a \neq 0)$ bringen kann, nennt man **quadratische Gleichung**.

ax^2 heißt quadratisches Glied, bx lineares Glied und c konstantes Glied.

Fehlt bei einer quadratischen Gleichung das lineare Glied, so nennt man sie **reinquadratische Gleichung**:

$ax^2 + c = 0$

Eine quadratische Gleichung mit linearem Glied nennt man auch **gemischtquadratische Gleichung**:
$ax^2 + bx + c = 0$

Eine quadratische Gleichung kann keine, eine oder zwei Lösungen besitzen.
Sie kann auf zwei Arten **zeichnerisch** gelöst werden.

1. Man zeichnet die zugehörige quadratische Funktion und bestimmt die Nullstellen (= Lösung).

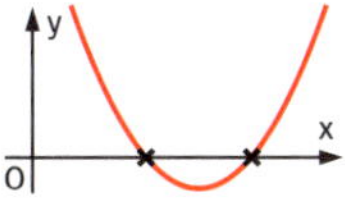

zwei Nullstellen – zwei Lösungen

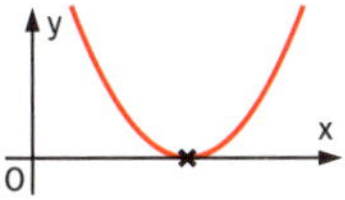

eine Nullstelle – eine Lösung

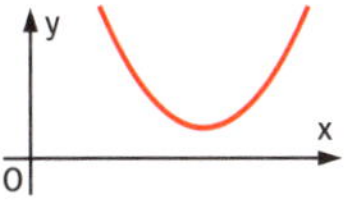

keine Nullstelle – keine Lösung

2. Man formt die Gleichung so um, dass auf der einen Seite die Gleichung der Normalparabel x^2 und auf der anderen Seite eine lineare Funktion (Geradengleichung) steht. Dann zeichnet man beide Funktionen in ein Koordinatensystem. Der x-Wert der Schnittpunkte der beiden Funktionen ist die Lösung der Gleichung.

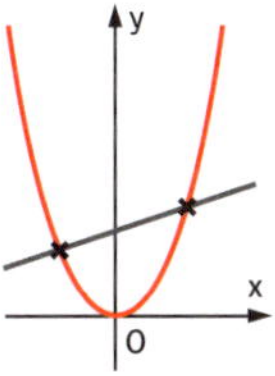

zwei Schnittpunkte – zwei Lösungen

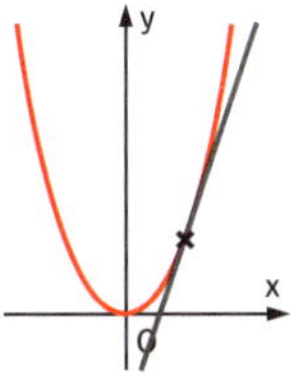

ein Schnittpunkt – eine Lösung

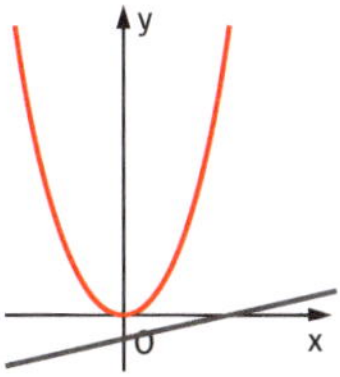

kein Schnittpunkt – keine Lösung

Binomische Formeln

Zweigliedrige Terme, z.B. $a + b$ oder $a - b$, nennt man **Binome**. Multipliziert man mithilfe des Distributivgesetzes zwei Binome miteinander, so kann man diese zu einer quadratischen Gleichung zusammenfassen.
Dies führt uns zu den **Binomischen Formeln**:

1. Binomische Formel: $(a + b)^2 = a^2 + 2ab + b^2$

Beweis:

$(a + b)^2 = (a + b) \cdot (a + b) = a^2 + ab + ba + b^2 = a^2 + 2ab + b^2$

Beispiel:
$(5x + 4)^2 = (5x)^2 + 2 \cdot 5x \cdot 4 + 4^2 = 25x^2 + 40x + 16$

2. Binomische Formel: $(a - b)^2 = a^2 - 2ab + b^2$

Beweis:

$(a - b)^2 = (a - b) \cdot (a - b) = a^2 - ab - ba + b^2 = a^2 - 2ab + b^2$

Beispiel:
$(3x - 4)^2 = (3x)^2 - 2 \cdot 3x \cdot 4 + 4^2 = 9x^2 - 24x + 16$

3. Binomische Formel: $(a + b) \cdot (a - b) = a^2 - b^2$

Beweis:

$(a + b) \cdot (a - b) = a^2 - ab + ba - b^2 = a^2 - b^2$

Beispiel:
$(2x + 5) \cdot (2x - 5) = (2x)^2 - 2x \cdot 5 + 5 \cdot 2x - 5^2 = (2x)^2 - 5^2$

Beachte: So darf man die binomischen Formeln nicht auflösen:

$(a + b)^2 = a^2 + b^2$

$(a - b)^2 = a^2 - b^2$

Lösungsverfahren

Lösen einer Gleichung der Form $x^2 = r$, wobei $r \in \mathbb{R}$

Lern-Video
www.sofatutor.com/klett/8v

Die Gleichung $x^2 = r$ hat:

- **Zwei Lösungen**, wenn r positiv ist ($r > 0$). Die Lösungen sind $-\sqrt{r}$ und $+\sqrt{r}$, da $(-\sqrt{r})^2 = r$ und $\sqrt{r}^2 = r$.
- **Eine Lösung**, wenn $r = 0$. Es gilt $x^2 = 0$ und damit $x = 0$.
- **Keine Lösung**, wenn r negativ ist ($r < 0$). Die Lösungsmenge ist die leere Menge $L = \{ \}$.

Beispiel:
$x^2 = 4$
Lösung: $x = 2$ und $x = -2$

Lösen einer quadratischen Gleichung der Form $(x - d)^2 = r$

Auch diese Form der quadratischen Gleichung kann zwei, eine oder keine Lösung besitzen. Um sie zu lösen, nimmt man das Wissen über das Lösen von Gleichungen der Form $x^2 = r$ zu Hilfe.

Dazu betrachten wir die Gleichung $(x - d)^2 = r$ als reinquadratische Gleichung.

Die Gleichung hat

- **Zwei Lösungen**, wenn $r > 0$:
  $x_1 - d = -\sqrt{r}$ oder $x_2 - d = \sqrt{r}$
  $x_1 = -\sqrt{r} + d$ oder $x_2 = \sqrt{r} + d$
- **Eine Lösung**, wenn $r = 0$:
  $x = d$
- **Keine Lösung**, wenn $r < 0$:
  $L = \{ \}$

Beispiel:

$(x-4)^2 = 9$

Lösung: $x_1 - 4 = 3$ und $x_2 - 4 = -3$

$x_1 = 7$ und $x_2 = 1$

Lösen einer quadratischen Gleichung der Form $ax^2 + bx + c = 0$

1. Lösungsformel: Mitternachtsformel

$x_{1,2} = \frac{-b \pm \sqrt{b^2 - 4ac}}{2a}$ wobei $b^2 - 4ac = D$ Diskriminante heißt.

Die quadratische Gleichung hat:

- **Zwei Lösungen**, wenn $D > 0$:

  $x_1 = \frac{-b + \sqrt{b^2 - 4ac}}{2a}$ und $x_2 = \frac{-b - \sqrt{b^2 - 4ac}}{2a}$

- **Eine Lösung**, wenn $D = 0$:

  $x = -\frac{b}{2a}$

- **Keine Lösung**, wenn $D < 0$.

Hinweis: Diese Lösungsformel kann für jede quadratische Gleichung benutzt werden.

Beispiel:

$3x^2 - 4x - 4 = 0$

$a = 3;\ b = -4;\ c = -4$

$x_1 = \frac{4 + \sqrt{4^2 - 4 \cdot 3 \cdot (-4)}}{2 \cdot 3} = \frac{4 + \sqrt{16 + 48}}{6} = \frac{4 + 8}{6} = 2$

$x_2 = \frac{4 - \sqrt{4^2 - 4 \cdot 3 \cdot (-4)}}{2 \cdot 3} = \frac{4 - \sqrt{16 + 48}}{6} = \frac{4 - 8}{6} = -\frac{2}{3}$

$L = \left\{-\frac{2}{3};\ 2\right\}$

2. Lösungsformel: p-q-Formel

$ax^2 + bx + c = 0 \quad | :a \quad a \neq 0$

$x^2 + \frac{b}{a}x + \frac{c}{a} = 0$

Setze $\frac{b}{a} = p$ und $\frac{c}{a} = q$

$x^2 + px + q = 0$

$x_{1,2} = -\frac{p}{2} \pm \sqrt{\left(\frac{p}{2}\right)^2 - q}$ wobei $\left(\frac{p}{2}\right)^2 - q = D$ Diskriminante heißt.

Die quadratische Gleichung hat:

- **Zwei Lösungen**, wenn $D > 0$:

  $x_1 = -\frac{p}{2} + \sqrt{\left(\frac{p}{2}\right)^2 - q}$ und $x_2 = -\frac{p}{2} - \sqrt{\left(\frac{p}{2}\right)^2 - q}$
- **Eine Lösung**, wenn $D = 0$: $x = -\frac{p}{2}$
- **Keine Lösung**, wenn $D < 0$.

4

Hinweis: Diese Lösungsformel kann für quadratische Gleichungen benutzt werden, bei denen vor dem quadratischen Teil eine 1 steht. Um dies zu erreichen, muss man die quadratische Gleichung durch die Zahl, die vor dem x^2 steht, teilen.

Beispiel:

$-3x^2 - 12x + 60 = 0 \quad | :(-3)$

$x^2 + 4x - 20 = 0$

$x_1 = -2 + \sqrt{2^2 + 20} = -2 + \sqrt{4 + 20} = -2 + \sqrt{24}$
$= -2 + 2\sqrt{6} = 2(-1 + \sqrt{6}) \approx 2{,}9$

$x_2 = -2 - \sqrt{2^2 + 20} = -2 - \sqrt{4 + 20} = -2 - \sqrt{24}$
$= -2 - 2\sqrt{6} = -2(1 + \sqrt{6}) \approx -6{,}9$

$L = \{2(-1 + \sqrt{6}); -2(1 + \sqrt{6})\}$

4.5 Bruchgleichungen

Definition: Unter einer Bruchgleichung versteht man eine Gleichung, bei der eine Variable im Nenner vorkommt, ohne dass man sie kürzen kann.

Lösungsverfahren

1. Beide Seiten der Gleichung mit dem Hauptnenner multiplizieren.
2. Dann soweit wie möglich kürzen.
3. Die neue Gleichung mit den bekannten Lösungsformeln lösen.
4. Prüfen, ob die gefundene Lösung in der Definitionsmenge enthalten ist.

Beispiel:

$\frac{x}{x+1} + \frac{4}{x-1} = \frac{x}{x-1}$; $D = \mathbb{R} \setminus \{-1; 1\}$

Hauptnenner: $(x+1)(x-1)$

$$\frac{x \cdot (x-1)}{(x+1) \cdot (x-1)} + \frac{4(x+1)}{(x-1) \cdot (x+1)} = \frac{x \cdot (x+1)}{(x-1) \cdot (x+1)} \quad | \cdot (x-1) \cdot (x+1)$$

$$x \cdot (x-1) + 4 \cdot (x+1) = x \cdot (x+1)$$

$$x^2 - x + 4x + 4 = x^2 + x$$

$$\begin{aligned} x^2 + 3x + 4 &= x^2 + x && | -x^2 \\ 3x + 4 &= x && | -x \\ 2x + 4 &= 0 && | -4 \\ 2x &= -4 && | :2 \\ x &= -2 \end{aligned}$$

$L = \{-2\}$

4.6 Gleichungen höheren Grades

Definition: Eine Gleichung der Form

$a_n x^n + a_{n-1} x^{n-1} + \ldots + a_1 x^1 + a_0 = 0 \; (a_n \neq 0)$ nennt man

Gleichung n-ten Grades. Der Exponent n gibt dabei den Grad der Gleichung an.

Gleichungen dritten Grades
Gleichungen dritten Grades haben die Form $a_3x^3 + a_2x^2 + a_1x + a_0 = 0$ $(a_3 \neq 0)$ und werden auch kubische Gleichungen genannt.
Solche Gleichungen besitzen höchstens drei Lösungen und können mittels Polynomdivision gelöst werden.
Dazu bestimmt man eine Lösung der Gleichung durch Probieren und dividiert dann die Gleichung durch den Term (x-Lösung). Die so erhaltene quadratische Gleichung kann mit den bekannten Lösungsverfahren bestimmt werden.

4

Beispiel:
Löse die Gleichung $x^3 - 4x^2 - 16x + 15 = 0$
1. Schritt: Bestimmen der Lösung durch Probieren ergibt $x_1 = -3$
2. Schritt: Lösen mittels Polynomdivision: Dividieren der ursprünglichen Gleichung durch $(x + 3)$

$$
\begin{array}{l}
x^3 - 4x^2 - 16x + 15 : (x + 3) = x^2 - 7x + 5 \\
\underline{-(x^3 + 3x^2)} \\
 -7x^2 - 16x \\
 \underline{-(-7x^2 - 21x)} \\
 +5x + 15 \\
 \underline{-(5x + 15)} \\
 0
\end{array}
$$

3. Schritt: Lösen der entstandenen quadratischen Gleichung mit den bekannten Lösungsverfahren.

Analysis

5 Zuordnungen, Dreisatz, Funktionen

QUICK-FINDER

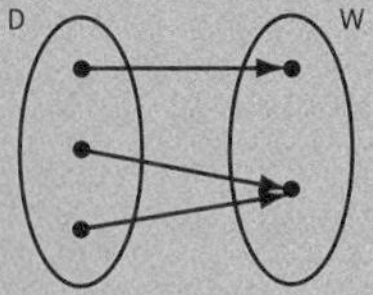

Funktion

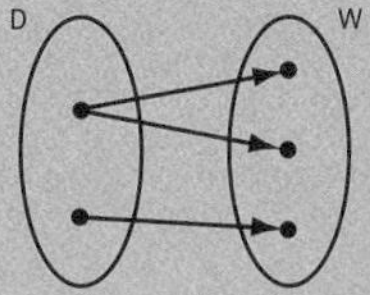

keine Funktion

5.1 Zuordnungen

Grundlagen

Eine Zuordnung ist eine Beziehung bzw. Abhängigkeit zwischen zwei Größen. Man kann sie als Zuordnungstabelle, Diagramm oder als Formel darstellen.

Gewicht (g)	0	0,5	1	1,5	2	2,5	3
Preis (€)	0	0,60	1,15	1,70	2,10	2,15	2,2

Einer Ausgangsgröße wird eine andere Größe zugeordnet, also hier dem Gewicht der entsprechende Preis.

Diagramm

Liniendiagramm	Punktdiagramm

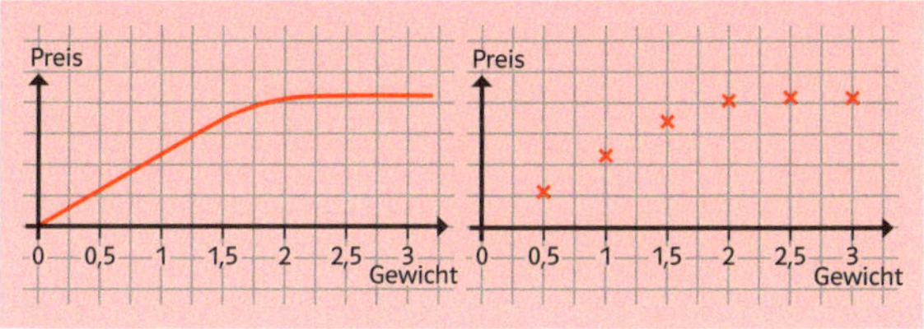

Liniendiagramme sind dann sinnvoll, wenn auch Zwischenwerte gefragt sind.

Zuordnungsvorschrift

Wenn die Zuordnung auch als Formel dargestellt werden kann, spricht man von einer Zuordnungsvorschrift.

Beispiel:
Ein Auto legt in 1 Stunde eine Strecke von 120 km zurück. In 2 Stunden eine Strecke von 240 km, in 3 Stunden 360 km, usw.

5

Um auszurechnen, wie weit das Auto in 7 Stunden gekommen ist, kann man eine **Zuordnungsvorschrift** aufstellen. Dabei ist x die benötigte Zeit und f(x) die zurückgelegte Strecke. Die Zuordnungsvorschrift lautet:

$$f(x) = x \cdot 120\,\frac{\text{km}}{\text{h}}.$$

Somit würde das Auto in 7 Stunden eine Strecke von $f(7) = 7\,\text{h} \cdot 120\,\frac{\text{km}}{\text{h}} = 840\,\text{km}$ zurücklegen.

Proportionale Zuordnungen

Eine Größe ist **proportional** zu einer anderen Größe, wenn gilt:

- Verdoppelt (verdreifacht, vervierfacht, ...) man die erste Größe, so verdoppelt (verdreifacht, vervierfacht, ...) sich auch die zweite Größe.
- Halbiert (drittelt, viertelt, ...) man die erste Größe, so halbiert (drittelt, viertelt, ...) sich auch die zweite Größe.

Proportionale Zuordnung

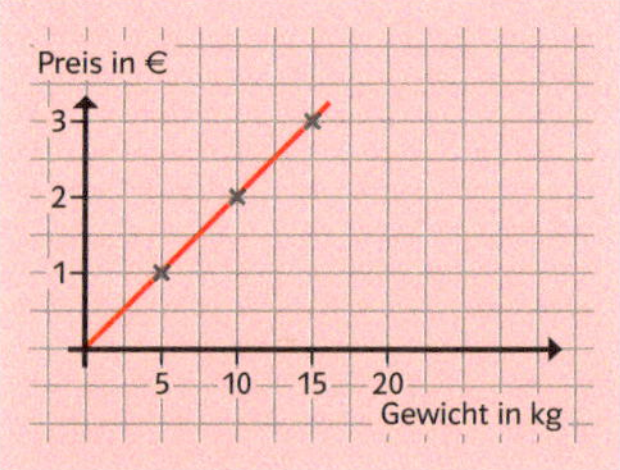

Man erhält eine Halbgerade, die durch den Ursprung geht.

Proportionale Zuordnungen nennt man auch **Je-mehr-desto-mehr**-Zuordnungen.

Beispiel: Je mehr Kartoffeln du kaufst, desto mehr musst du bezahlen.

Antiproportionale Zuordnungen

Eine Größe ist **antiproportional** zu einer anderen Größe, wenn gilt:

- Verdoppelt (verdreifacht, vervierfacht, ...) man die erste Größe, so halbiert (drittelt, viertelt, ...) sich die zweite Größe.
- Halbiert (drittelt, viertelt, ...) man die erste Größe, so verdoppelt (verdreifacht, vervierfacht, ...) sich die zweite Größe.

Antiproportionale Zuordnung

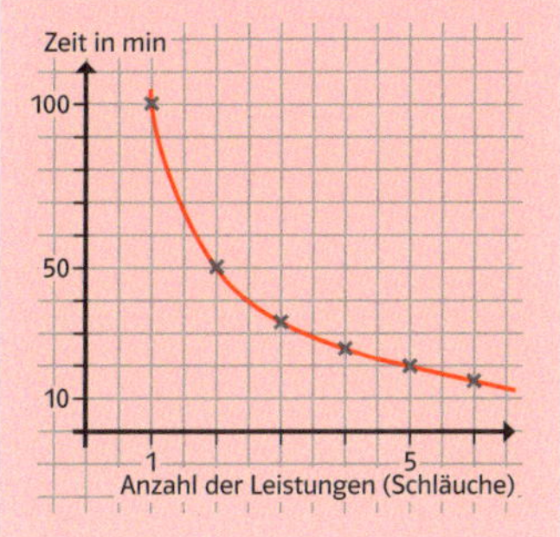

Man erhält eine Hyperbel.

Antiproportionale Zuordnungen nennt man auch **Je-mehr-desto-weniger**-Zuordnungen.

Beispiel:
Ihr wollt zuhause euren 300 l Gartenteich mit einem Wasserschlauch befüllen. Da in 1 Minute 3 Liter aus dem Schlauch kommen, braucht ihr 100 Minuten, um den Teich zu füllen. Das bedeutet: Je mehr Schläuche ihr benutzt, desto weniger Zeit benötigt ihr.

5.2 Dreisatz

Bei proportionalen und antiproportionalen Zuordnungen kann man die gesuchte Größe auch ohne Diagramm direkt durch Rechnung mittels Dreisatz bestimmen.

Dreisatz bei proportionalen Zuordnungen

Beispiel: Martin kauft Hefte. 5 Hefte kosten 60 Cent. Er braucht 12 Hefte. Wie viel muss er bezahlen?

	Anzahl der Hefte	Preis	
	5 (gegeben)	60 Cent (gegeben)	
: 5	1	12 Cent	: 5
· 12	12 (gegeben)	144 Cent (gesucht)	· 12

Man trägt die gegebenen Größenangaben (5 Hefte, 60 Cent und 12 Hefte) in eine Tabelle ein. Mittels dividieren (: 5) und multiplizieren (· 12) wird das Ergebnis bestimmt. Martin muss für 12 Hefte 1,44 Euro bezahlen.

Dreisatz bei antiproportionalen Zuordnungen

Beispiel: Ein Dach soll neu gedeckt werden. 4 Dachdecker brauchen dazu 3 Tage. Wie viele Tage brauchen 6 Dachdecker?

	Dachdecker	Tage	
	4 (gegeben)	3 (gegeben)	
: 4	1	12	· 4
· 6	6 (gegeben)	2 (gesucht)	: 6

Wieder trägt man die gegebenen Größenangaben in eine Tabelle. Dann wird im ersten Schritt links durch 4 dividiert und rechts mit 4 multipliziert. Im zweiten Schritt wird links mit 6 multipliziert und rechts durch 6 dividiert.

Ergebnis: 6 Dachdecker brauchen 2 Tage um das Dach zu decken. Das bedeutet: Je mehr Dachdecker an der Arbeit sind, desto weniger Tage werden zur Fertigstellung gebraucht.

5.3 Funktionen

Besonders wichtig: Definition

Lern-Video
www.sofatutor.com/klett/8w

Funktion f: Wird bei einer Zuordnung $x \mapsto y$ jeder Zahl (Größe) x **genau eine** Zahl (Größe) y zugeordnet, so nennt man diese Zuordnung auch Funktion f.
Definitionsmenge D: die Menge aller Größen x
Funktionswert: die einer Zahl x zugeordnete Zahl y
Wertemenge W: die Menge aller Funktionswerte

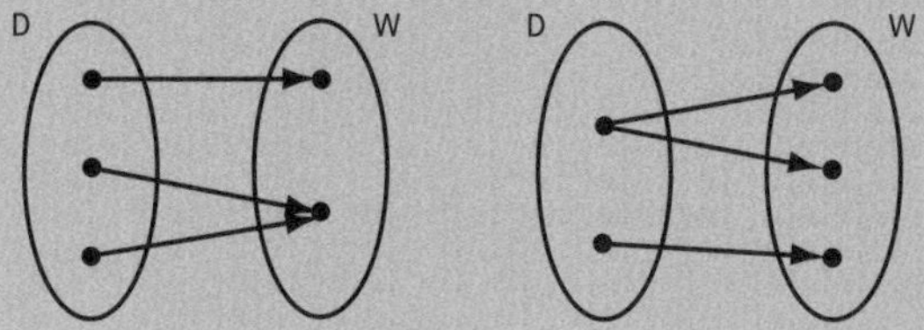

Funktion — keine Funktion

Umkehrfunktion

Ist jedem y-Wert auch genau ein x-Wert zugeordnet, so kann man die **Umkehrfunktion** bilden.
Der Graph der Umkehrfunktion entsteht aus dem Graphen der ursprünglichen Funktion durch Spiegelung an der 1. **Winkelhalbierenden** ($y = x$).

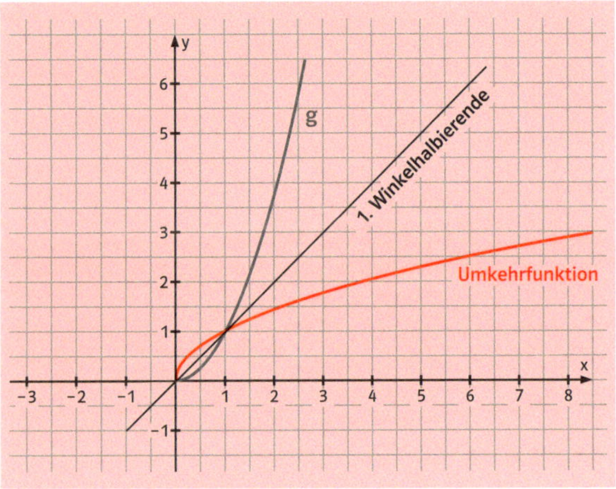

Darstellen von Funktionen

Eine Funktion kann dargestellt werden als Zuordnungsvorschrift oder Funktionsgleichung, als Wertetabelle oder als Diagramm.

Zuordnungsvorschrift oder Funktionsgleichung

Dabei muss immer die Definitionsmenge angegeben werden.

Beispiel:

Zuordnungsvorschrift: $f: x \mapsto 2x$

Funktionsgleichung: $y = 2x$ oder $f(x) = 2x$

Definitionsmenge D: $D = \mathbb{Q}$

Hinweis: Alle Zahlenmengen findest du auf S. 31.

Wertetabelle

x	−2	−1	0	1	2	3
y	−4	−2	0	2	4	6

Diagramm

Die Funktion wird durch einen Graphen im Koordinatensystem dargestellt.

Graph im Koordinatensystem

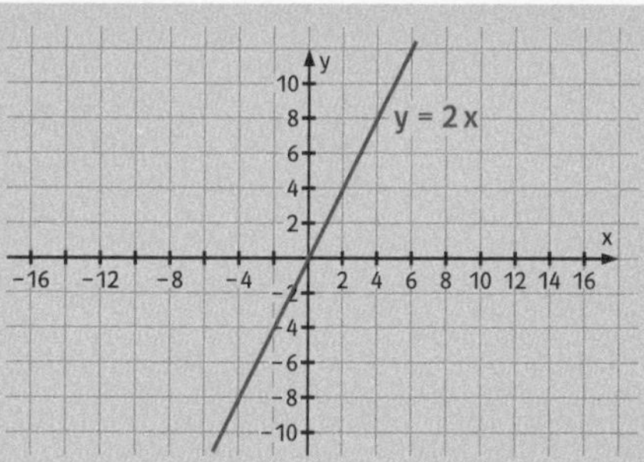

Analysis

6 Verschiedene Funktionen

QUICK-FINDER

6.1 Lineare Funktionen

Definition

Eine Funktion f mit der Zuordnungsvorschrift

$$f(x) = mx + c \quad (m, c, x \in \mathbb{R})$$

heißt **lineare Funktion** oder **ganzrationale Funktion 1. Grades.**

Beispiel:

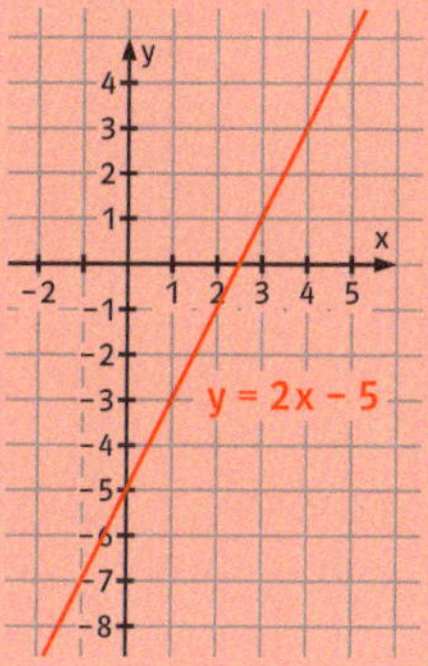

$y = 2x - 5$

Die Gerade hat die Steigung $m = 2$ und den y-Achsenabschnitt $c = -5$.
D. h. die Gerade schneidet die y-Achse im Punkt $P(0\,|\,-5)$.

Abschnittsweise linear

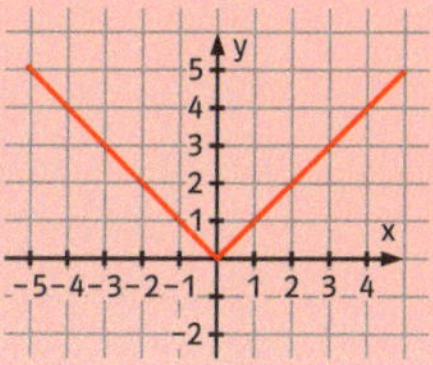

Außer den Funktionen, die für alle $x \in \mathbb{R}$ linear sind, gibt es Funktionen, die auf Teilintervallen ihrer Definitionsmenge linear sind. Man nennt solche Funktionen **abschnittsweise linear.**

Steigende Gerade und fallende Gerade

Beispiel:

Steigende Gerade

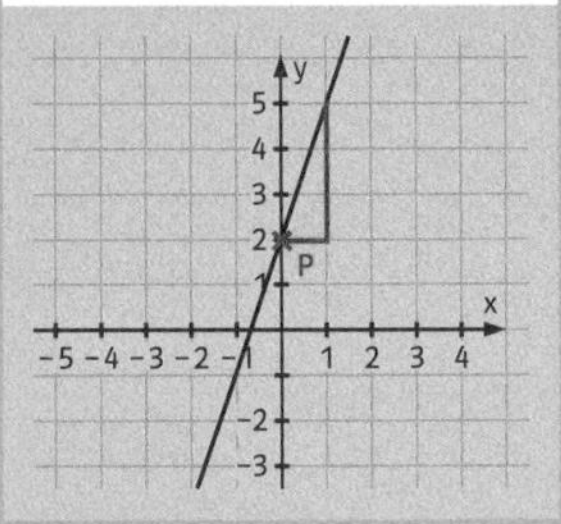

$y = 3x + 2$

Wir starten am Punkt P(0|2), der durch den y-Achsenabschnitt gegeben ist.
Von dort gehen wir einen Schritt nach rechts und 3 Schritte (Steigung m) nach oben.

Beispiel:

Fallende Gerade

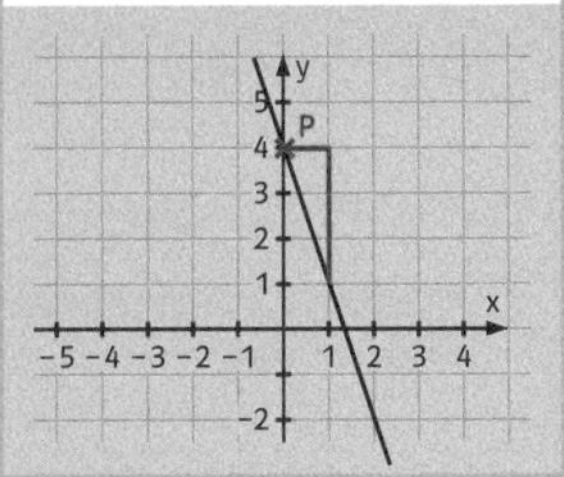

$y = -3x + 4$

Wir starten am Punkt P(0|4), der durch den y-Achsenabschnitt gegeben ist. Von dort gehen wir einen Schritt nach rechts und 3 Schritte (Steigung m) nach unten.

Hinweis: Bei einer **proportionalen Funktion** geht die Gerade immer durch den Ursprung. Bei einer **linearen Funktion** kann die Gerade durch den Ursprung laufen, muss es aber nicht. Also ist die proportionale Funktion ein Spezialfall der linearen Funktion.

Ableitungsfunktion der linearen Funktion

Ist eine lineare Funktion $f(x) = mx + c$ $(m, c, x \in \mathbb{R})$ an der Stelle $x \in D$ differenzierbar, so lautet ihre Ableitung: $f(x) = m$

Beispiel:

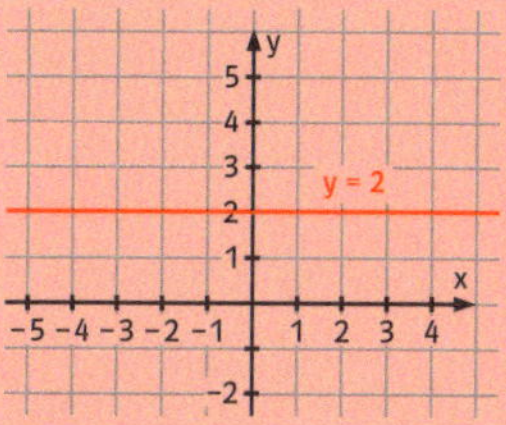

$f(x) = 2x + 4$
$f'(x) = 2$

Der Graph der Ableitung ist eine zur x-Achse parallele Gerade.

6.2 Quadratische Funktionen

Besonders wichtig: Definition

Lern-Video
www.sofatutor.com/klett/8x

Eine Funktion der Gleichung $f(x) = ax^2 + bx + c$ $(a \neq 0)$ heißt **quadratische Funktion** oder **ganzrationale Funktion 2. Grades**. Ihr Schaubild ist eine Parabel. Die Definitionsmenge ist, wenn nicht anders angegeben, die Menge der reellen Zahlen.

Hinweis: Alle Zahlenmengen findest du auf S. 31.

6

Normalparabel

Bestimmung der Normalparabel

Für $a = 1$ und $b = c = 0$ erhält man eine spezielle quadratische Funktion $f(x) = x^2$.

Der Graph dieser Funktion heißt Normalparabel.

x	−4	−3	−2	−1	0	1	2	3	4
$y = x^2$	16	9	4	1	0	1	4	9	16

Normalparabel

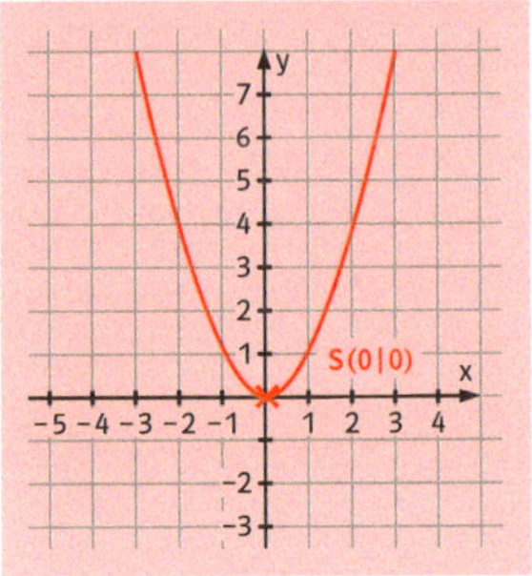

Eigenschaften der Normalparabel

- Symmetrisch zur y-Achse; der Ursprung des Koordinatensystems liegt auf der Symmetrieachse.
- Der tiefste Punkt der Normalparabel (**Scheitel**) ist der Ursprung des Koordinatensystems. Alle anderen Punkte der Normalparabel liegen oberhalb der x-Achse.
- Für negative x-Werte ($x < 0$) fällt das Schaubild der Normalparabel. Für positive x-Werte ($x > 0$) steigt das Schaubild.
- Dem 2-, 3- bzw. n-fachen x-Wert wird der 4-, 9- bzw. n^2-fache y-Wert zugeordnet.

Verschieben der Normalparabel entlang der y-Achse

- Der Graph der Funktionsgleichung $y = x^2 + e$ entsteht durch Verschieben der Normalparabel $y = x^2$ um die Strecke e entlang der y-Achse.
- $e > 0$, so wird die Normalparabel nach oben verschoben.
- $e < 0$, so wird die Normalparabel nach unten verschoben.
- Die y-Achse ist Symmetrieachse; der Scheitel ist $S(0|e)$.

Beispiel:

x	−4	−3	−2	−1	0	1	2	3	4
$y = x^2 + 2$	18	11	6	3	2	3	6	11	18
$y = x^2 - 2$	14	7	2	−1	−2	−1	2	7	14

Verschieben entlang der y-Achse

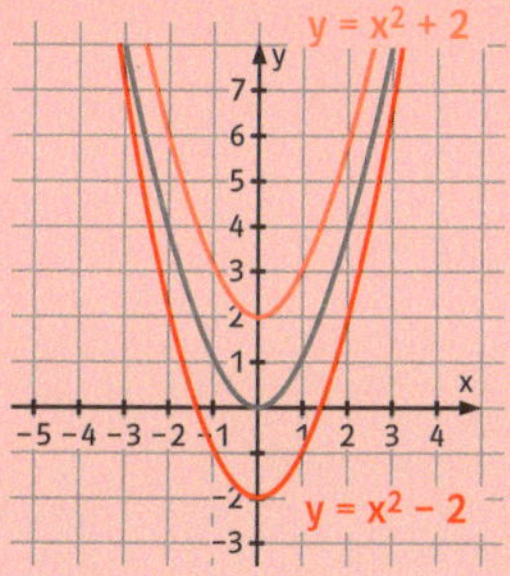

Hinweis: Verschiebt man eine Parabel in y-Richtung, so verändert sich der x-Wert des Scheitels nicht.

Verschieben der Normalparabel entlang der x-Achse

- Der Graph der Funktionsgleichung $y = (x - d)^2$ entsteht durch Verschieben der Normalparabel $y = x^2$ um die Strecke d entlang der x-Achse.

- $d > 0$, so wird die Normalparabel nach rechts verschoben.
- $d < 0$, so wird sie nach links verschoben.
- Die Gerade $x = d$ (Parallele zur y-Achse) ist Symmetrieachse; der Scheitel ist der Punkt $S(d\,|\,0)$.

Beispiel:

x	−3	−2	−1	0	1	2	3
$y = (x-(-2))^2$	1	0	1	4	9	16	25
$y = (x-2)^2$	25	16	9	4	1	0	1

Verschieben entlang der x-Achse

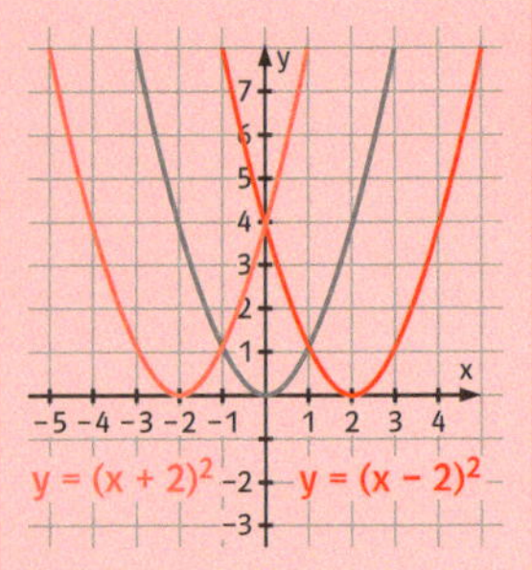

Hinweis: Verschiebt man eine Parabel in x-Richtung, so verändert sich der y-Wert des Scheitels nicht.

Strecken der Normalparabel

- Der Graph der Funktionsgleichung $y = a \cdot x^2$ $(a > 0)$ entsteht durch Streckung mit dem Streckfaktor a aus der Normalparabel.
- Ist $0 < a < 1$, so wird die Normalparabel weiter.
- Ist $a > 1$, so wird die Normalparabel enger.
- Die y-Achse ist Symmetrieachse; der Scheitel ist $S(0\,|\,0)$.

Beispiel:

x	−4	−3	−2	−1	0	1	2	3	4
$y = 2x^2$	32	18	8	2	0	2	8	18	32
$y = 0{,}5x^2$	8	4,5	2	0,5	0	0,5	2	4,5	8

Strecken **Spiegeln**

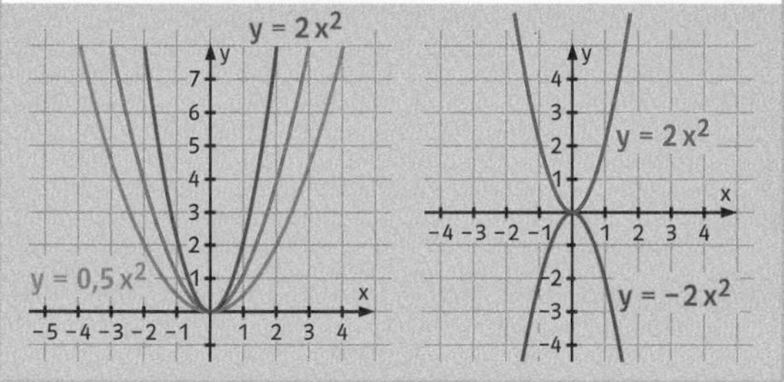

Spiegeln der Normalparabel

Ist bei einer Parabel $y = ax^2$ der Faktor a negativ, wird sie dargestellt durch Spiegelung der Parabel $y = ax^2$ mit positivem Faktor a an der x-Achse.

Eigenschaften der Parabel $y = ax^2$ $(a < 0)$
- Die Parabel ist nach unten geöffnet.
- Für negative x-Werte steigt die Parabel, für positive x-Werte fällt die Parabel.
- Der Scheitel $S(0|0)$ ist der höchste Punkt der Parabel.

Beispiel:

x	−4	−3	−2	−1	0	1	2	3	4
$y = 2x^2$	32	18	8	2	0	2	8	18	32
$y = -2x^2$	−32	−18	−8	−2	0	−2	−8	−18	−32

6

Scheitel- und Normalform

Scheitelform: $y = a\,(x - d)^2 + e \quad (a \neq 0)$
Normalform: $y = ax^2 + bx + c \quad (a \neq 0)$
ax^2: quadratisches Glied
bx: lineares Glied
c: konstantes Glied

Scheitel- und Normalform liefern dieselbe Parabel. Die **Scheitelform** ist eine spezielle Darstellung der quadratischen Funktion. Man kann direkt den Scheitel ablesen: $S(d\,|\,e)$

Die **Normalform** hingegen muss erst in die Scheitelform umgewandelt werden, damit man den Scheitel ablesen kann. Das geht ganz leicht, wenn man das Ergebnis der Umwandlung der Scheitelform in die Normalform kennt:

$$\begin{aligned} y &= a\,(x - d)^2 + e \\ &= a\,(x^2 - 2dx + d^2) + e \qquad \text{(Binomische Formel!)} \\ &= ax^2 - 2adx + ad^2 + e \\ &= ax^2 + \;b\;\, x + \;\; c \end{aligned}$$

mit $b = -2ad$ und $c = ad^2 + e$ ➤ hiermit kann man immer die Normalform in die Scheitelform umwandeln!

Beispiele für Umwandlungsarten	
Scheitelform in die Normalform	Normalform in die Scheitelform
$y = 2\left(x - \frac{1}{2}\right)^2 + \frac{3}{4}$ $= 2\left(x^2 - x + \frac{1}{4}\right) + \frac{3}{4}$ $= 2x^2 - 2x + \frac{1}{2} + \frac{3}{4}$ $= 2x^2 - 2x + \frac{5}{4}$	$y = 3x^2 - 6x + 9;\; a = 3;\; b = -6;\; c = 9$ mit $b = -2ad$ folgt $-6 = -2 \cdot 3 \cdot d$ und damit $d = 1$ mit $c = ad^2 + e$ folgt $9 = 3 \cdot 1^2 + e$ und damit $e = 6$ $y = 3(x - 1)^2 + 6$

Hinweis: In der fakorisierten Form können die Nullstellen direkt abgelesen werden.

Beispiel: $f(x) = 2(x-2)(x+3)$ ➤ $x_1 = 2;\ x_2 = -3$

6.3 Potenzfunktionen

Definition

Eine Funktion mit der Zuordnungsvorschrift
$f(x) = c \cdot x^n \quad (x \in \mathbb{R};\ c \in \mathbb{R}\setminus\{0\};\ n \in \mathbb{N}\setminus\{0\})$
heißt **Potenzfunktion n-ten Grades** oder **ganzrationale Funktion n-ten Grades.**
Ihr Schaubild nennt man Parabel n-ter Ordnung.

Eigenschaften für den Spezialfall c = 1

Gerade Hochzahlen | **Ungerade Hochzahlen**

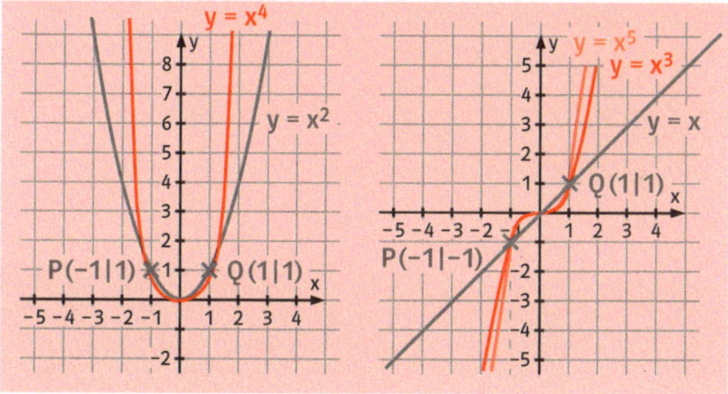

Gerade Hochzahlen

- Die Graphen nehmen nur positive y- Werte an.
- Gemeinsame Punkte: P(−1 | 1), Q(1 | 1) und der Ursprung.
- Die y-Achse ist Symmetrieachse.
- $x < 0$: der Graph fällt; $x > 0$: der Graph steigt.

Ungerade Hochzahlen

- Gemeinsame Punkte: $P(-1\,|\,-1)$, $Q(1\,|\,1)$ und der Ursprung.
- Sie sind punktsymmetrisch zum Ursprung.
- Die Graphen steigen für alle x-Werte an.
  (Außer bei $x = 0$; hier ist die Steigung auch 0.)

Hinweis: Für jede Potenzfunktion gilt:
Zum k-fachen x-Wert erhält man den k^n-fachen y-Wert.

Ableitungsfunktion der Potenzfunktion

Ist eine Potenzfunktion $f(x) = c \cdot x^n$ an der Stelle $x \in \mathbb{D}$ differenzierbar, so lautet ihre Ableitung:
$f'(x) = c \cdot n \cdot x^{n-1}$ (Potenzregel)

Der Graph der Ableitung ist für $n = 2$ eine Gerade, für $n > 2$ eine Potenzfunktion.

Beispiel:

a) $n = 2$
$f(x) = 2x^2$
$f'(x) = 4x$

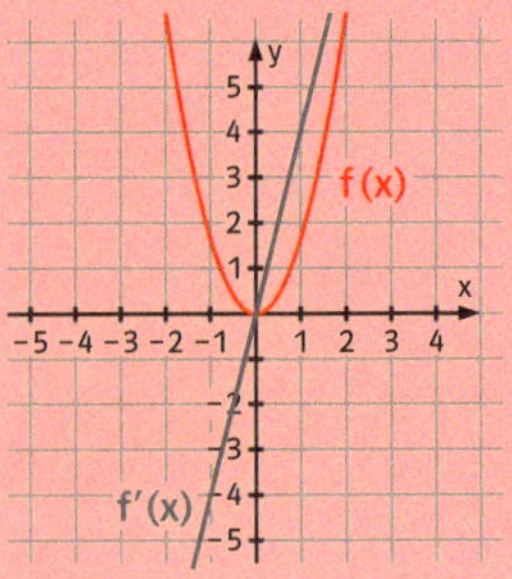

b) $n = 4$
$f(x) = 3x^4$
$f'(x) = 12x^3$

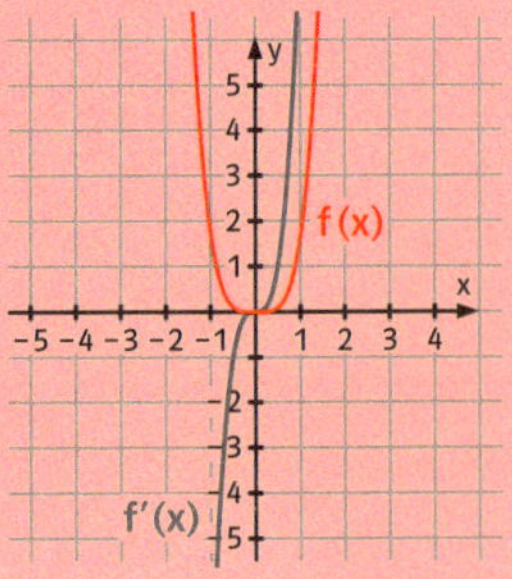

6.4 Wurzelfunktionen

Definition

Eine Wurzelfunktion ist eine Funktion mit der Zuordnungsvorschrift

$$f(x) = \sqrt[n]{x^m} \quad (x \geqq 0;\ m, n \in \mathbb{N};\ m \geqq 1;\ n \geqq 2).$$

Die Wurzelfunktion ist die Umkehrfunktion der Potenzfunktion für den Bereich $x \geqq 0$. Für diesen Bereich sind alle Potenzfunktionen umkehrbar.

Quadratwurzelfunktion

Eine Funktion mit der Gleichung $y = \sqrt{x}$ $(x \geqq 0,\ n = 2)$ heißt **Quadratwurzelfunktion**. Sie entsteht, indem man den rechten Ast der Normalparabel an der Geraden $y = x$ (1. Winkelhalbierende) spiegelt. Die Quadratwurzelfunktion ist also die Umkehrfunktion der Quadratfunktion für $x \geqq 0$.

Quadratwurzelfunktion

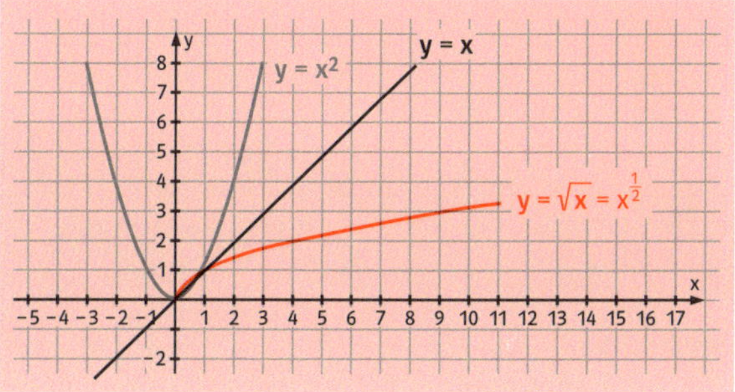

6.5 Ganzrationale Funktionen

Definition

Eine Funktion f mit der Zuordnungsvorschrift

$$f(x) = a_n x^n + a_{n-1} x^{n-1} + \dots + a_1 x + a_0$$

heißt ganzrationale Funktion. Eine ganzrationale Funktion ist eine zusammengesetzte **Potenzfunktion**.
Die Koeffizienten $a_n, a_{n-1}, \dots, a_1, a_0$ sind reelle Zahlen.
Ist $a_n \neq 0$, so hat f den Grad (höchste vorkommende Potenz) n.

Eigenschaften

Verhalten für $x \to +\infty$ und $x \to -\infty$

Bei einer ganzrationalen Funktion entscheidet über das Verhalten der Funktion:

- der Summand mit der höchsten Potenz
- das Vorzeichen von a_n
- und ob n gerade oder ungerade ist.

Beispiele:	
$f(x) = 3x^2 + 4x + 2$ Für das Verhalten gegen $+\infty$ und $-\infty$ ist nur $3x^2$ verantwortlich. Da $a_n = 3 > 0$ geht $3x^2$ gegen $+\infty$ für $x \to +\infty$ und für $x \to -\infty$.	$f(x) = 3x^3 + 2x^2 + x + 5$ Für das Verhalten gegen $+\infty$ und $-\infty$ ist nur $3x^3$ verantwortlich. Da $a_n = 3 > 0$ geht $3x^3$ für $x \to +\infty$ gegen $+\infty$ und für $x \to -\infty$ gegen $-\infty$.

Symmetrie

- **Gerade Funktion**: die ganzrationale Funktion hat nur Potenzen mit geraden Hochzahlen. Der Graph von f ist **symmetrisch zur y-Achse** (achsensymmetrisch).

- **Ungerade Funktion:** die ganzrationale Funktion hat nur Potenzen mit ungeraden Hochzahlen. Der Graph von f ist **punktsymmetrisch zum Ursprung.**

Achsensymmetrische Funktionen	Punktsymmetrische Funktionen
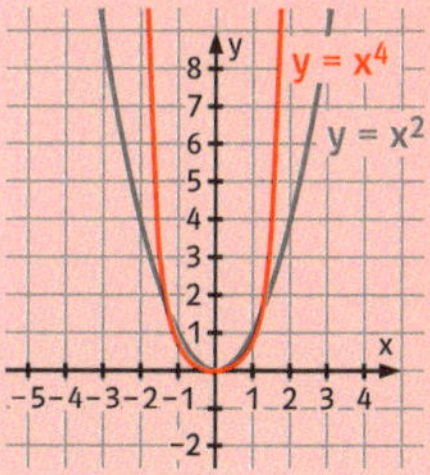	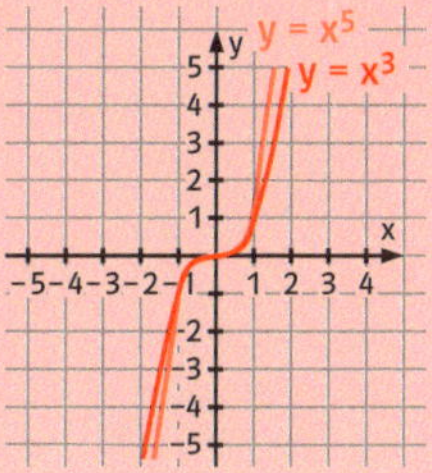

Nullstellen

Eine ganzrationale Funktion f vom Grad n hat höchstens n Nullstellen. Bei einer Nullstelle handelt es sich um den Schnittpunkt des Graphen mit der x-Achse.

Es gibt verschiedene Möglichkeiten der Berechnung.

1. Mit der **Mitternachtsformel** oder der **p-q-Formel** (s. S. 56)

Beispiel:
$f(x) = x^2 - 8x + 15$
$x^2 - 8x + 15 = 0$
Dann ergibt sich $x_1 = 3$ und $x_2 = 5$.
Somit lauten die Nullstellen: $N_1(3\,|\,0)$ und $N_2(5\,|\,0)$
(den Graphen zu dieser Funktion findest du auf S. 83)

2. Wenn x_1 bekannt ist, mit Polynomdivision:
   Ist x_1 eine Nullstelle einer ganzrationalen Funktion f vom Grad n, dann kann man f in folgender Form schreiben:
   $f(x) = (x - x_1) \cdot g(x)$
   wobei $g(x)$ eine Funktion vom Grad $n-1$ ist.

Beispiel:
$f(x) = x^2 - 8x + 15$
Bereits bekannte Nullstelle: $x_1 = 3$
Bestimmung der zweiten Nullstelle mittels Polynomdivision:

$$\begin{array}{l} x^2 - 8x + 15 : (x - 3) = x - 5 \\ \underline{-(x^2 - 3x)} \\ -5x + 15 \\ \underline{-(-5x + 15)} \\ 0 \end{array}$$

$f(x) = (x - 3) \cdot (x - 5) = (x - 3) \cdot g(x)$
Somit erhält man eine zweite Funktion $g(x) = x - 5$, deren Nullstelle $x_2 = 5$ ist.

Ableitung
Zur Ableitung einer ganzrationalen Funktion benutzt man die Potenzregel, Summenregel und Faktorregel (s. S. 97).
Die Ableitung ist eine ganzrationale Funktion vom Grad $n-1$.

Beispiel: $f(x) = x^2 - 8x + 15$; $f'(x) = 2x - 8$

Extremstellen

Zwischen den Nullstellen von f liegt bei ganzrationalen Funktionen immer eine Extremstelle von f.

Beispiel:
Der Graph der Funktion $f(x) = x^2 - 8x + 15$ hat zwischen den beiden Nullstellen $x_1 = 3$ und $x_2 = 5$ die Extremstelle $x_3 = 4$. Es kann jedoch bei ganzrationalen Funktionen weitere Extremstellen geben, die nicht zwischen zwei Nullstellen liegen.

Beispiel:
Der Graph der Funktion $f(x) = 0{,}6x^4 + x^3 - x^2 - 2x$ hat zwei weitere Extremstellen, die nicht zwischen Nullstellen liegen, nämlich $x_1 \approx -1{,}42$ und $x_2 \approx -0{,}68$.

Hinweis: Diese Extremstellen kannst du mit dem GTR oder einem Computeralgebrasystem CAS bestimmen.

Ganzrationale Funktionen

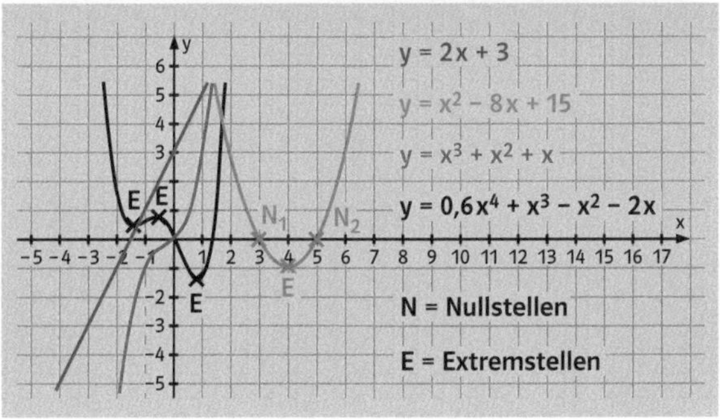

Analysis

7 Weitere Typen von Funktionen

QUICK-FINDER

7.1 Exponentialfunktionen

Besonders wichtig: Definition

Lern-Video
www.sofatutor.com/klett/8y

Eine Funktion mit der Zuordnungsvorschrift
$f(x) = a^x$ $(a \in \mathbb{R}^+ \setminus \{1\})$
heißt **Exponentialfunktion** zur Basis a.

Eigenschaften

- Das Schaubild der Exponentialfunktion nimmt nur positive y-Werte an.
- Die Graphen aller Exponentialfunktionen gehen durch den Punkt A(0 | 1).
- Es gibt keine Nullstellen.
- Für $a > 1$ steigt der Graph der Exponentialfunktion.
- Für $0 < a < 1$ fällt der Graph der Exponentialfunktion.
- Den Graphen der Funktion $f(x) = \left(\frac{1}{a}\right)^x = a^{-x}$ erhält man aus dem Graphen der Funktion $f(x) = a^x$ durch Spiegelung an der y-Achse.

Exponentialfunktionen

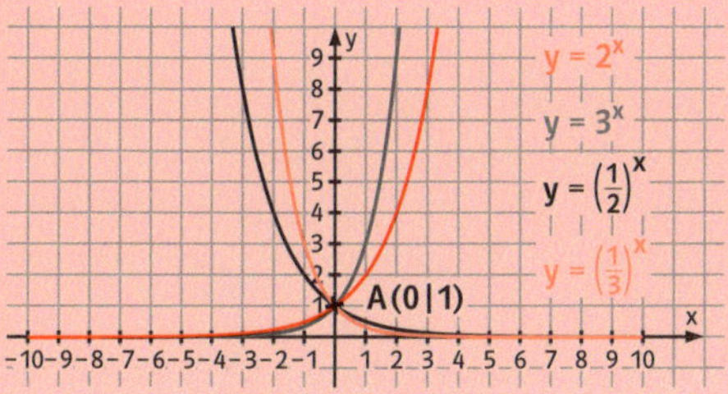

7

Beispiel: Bestimmung einer Exponentialfunktion
Der Graph einer Exponentialfunktion geht durch den Punkt P(3 | 2,744).

$f(x) = y = a^x$

$2{,}744 = a^3$

$a = \sqrt[3]{2{,}744} = 1{,}4$

$f(x) = 1{,}4^x$

Lehrer-Tipp: Beispiel für exponentielles Wachstum

„Ein gutes Beispiel ist der Zinseszins!

Angenommen du hast 5000 Euro gespart und möchtest dein Geld zu einem Zinssatz von 5 % für 5 Jahre anlegen. Wenn du die Zinsen, die du von der Bank für dein Geld erhältst, nicht abhebst (Sparen mit Zinseszins), dann wachsen deine Ersparnisse exponentiell. D.h., die Zinsen werden ebenfalls mit 5 % verzinst (Zinseszins).

Jahr	Alter Bestand	Zins-zuwachs	Neuer Bestand
1	5000,00 €	250,00 €	5250,00 €
2	5250,00 €	262,50 €	5512,50 €
... 5	6077,54 €	303,88 €	6381,42 €

Für ein exponentielles Wachstum gilt also:
$\text{Bestand}_{\text{neu}} = a \cdot \text{Bestand}_{\text{alt}}$ nach jedem Jahr
oder $B(t) = B(0) \cdot a^t$ (B(0) ist der Anfangsbestand)
wobei für den Wachstumsfaktor a gilt: $a = 1 + \frac{p}{100}$."

Laura Müller, Gymnasiallehrerin in Wuppertal

7.2 Logarithmusfunktionen

Definition

Eine Funktion mit der Zuordnungsvorschrift

$$f(x) = \log_a(x) \quad (a > 0;\ a \neq 1;\ x \in \mathbb{R}^+)$$

heißt **Logarithmusfunktion**.

Eigenschaften

- Die Logarithmusfunktion ist nur für positive x-Werte definiert.
- Die Graphen aller Logarithmusfunktionen gehen durch den Punkt A(1 | 0).
- Für $a > 1$ steigt der Graph der Logarithmusfunktion.
- Für $0 < a < 1$ fällt der Graph der Logarithmusfunktion.

Logarithmusfunktion | **Umkehrfunktion der Exponentialfunktion**

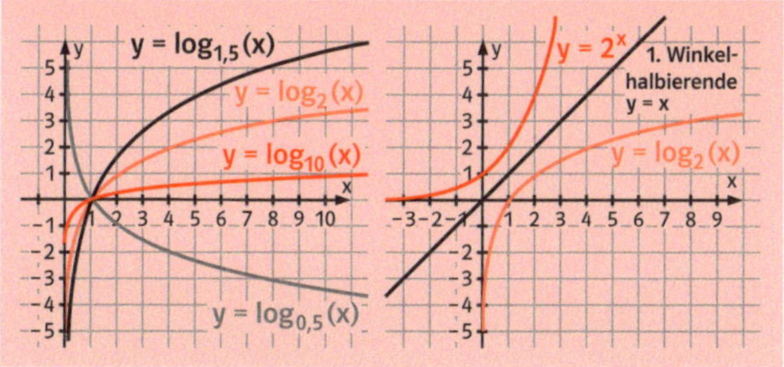

Der Graph der Logarithmusfunktion entsteht durch Spiegelung der Exponentialfunktion an der ersten Winkelhalbierenden. Deshalb ist die Logarithmusfunktion die **Umkehrfunktion** der Exponentialfunktion a^x.

7.3 Trigonometrische Funktionen

Grundlagen

Die Trigonometrischen Funktionen, auch **Winkelfunktionen** genannt, bezeichnen Zusammenhänge zwischen Seitenverhältnissen und Winkeln.
Es gibt folgende elementare Funktionen: Sinusfunktion, Kosinusfunktion, Tangensfunktion und Kotangensfunktion.

Im rechtwinkligen Dreieck gilt:

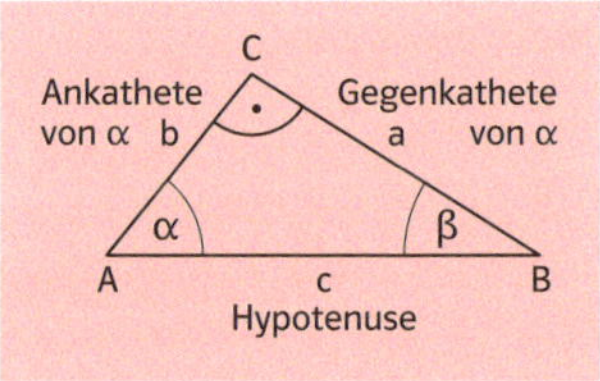

$$\sin \alpha = \frac{\text{Gegenkathete}}{\text{Hypotenuse}} = \frac{a}{c}$$

$$\cos \alpha = \frac{\text{Ankathete}}{\text{Hypotenuse}} = \frac{b}{c}$$

$$\tan \alpha = \frac{\text{Gegenkathete}}{\text{Ankathete}} = \frac{a}{b}$$

$$\cot \alpha = \frac{\text{Ankathete}}{\text{Gegenkathete}} = \frac{b}{a}$$

Die Hypotenuse ist immer die Seite, die dem rechten Winkel gegenüberliegt.

Bogenmaß

Unter dem Bogenmaß eines Winkels versteht man das Verhältnis der Länge des Kreisbogens b zum Radius des Einheitskreises $r = 1$.

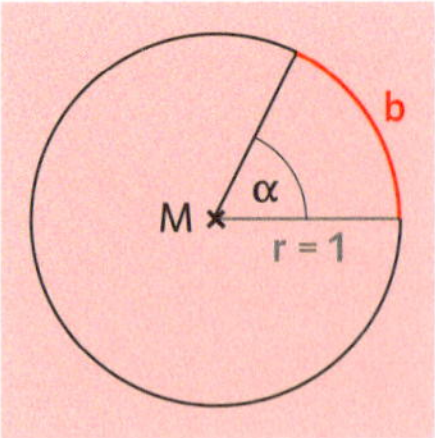

Umrechnungsformeln

Winkelmaß in Bogenmaß: $b = 2\pi \cdot \frac{\alpha}{360°} = \pi \cdot \frac{\alpha}{180°}$

Bogenmaß in Winkelmaß: $\alpha = b \cdot \frac{360°}{2\pi} = b \cdot \frac{180°}{\pi}$

Es gilt:

α	0°	30°	45°	60°	90°	180°	270°	360°
b	0	$\frac{\pi}{6}$	$\frac{\pi}{4}$	$\frac{\pi}{3}$	$\frac{\pi}{2}$	π	$\frac{3\pi}{2}$	2π

Sinusfunktion

Es gilt: $f(x) = \sin x$

Definitionsbereich: Unter der Sinusfunktion versteht man eine Zuordnung, die jeder Zahl x ($x \in \mathbb{R}$) die Zahl sin x zuordnet. Also: $D = \mathbb{R}$

Wertebereich: Die Sinusfunktion kann jeden Wert zwischen −1 und +1 annehmen. Also: $-1 \leqq y \leqq 1$
Die kleinste Periodenlänge beträgt 2π.
Es liegt Punktsymmetrie bzgl. des Ursprungs vor.
Es gilt: $\sin(-x) = -\sin x$.

Sinusfunktion

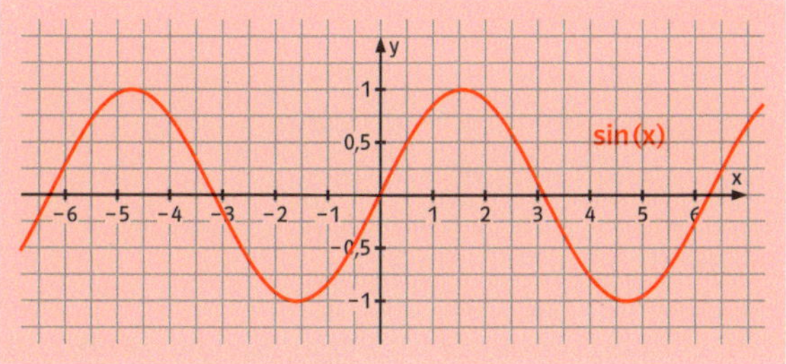

7

Kosinusfunktion

Es gilt: $f(x) = \cos x$

Definitionsbereich: Unter der Kosinusfunktion versteht man eine Zuordnung, die jeder Zahl x ($x \in \mathbb{R}$) die Zahl $\cos x$ zuordnet. Also: $D = \mathbb{R}$

Wertebereich: Die Kosinusfunktion kann jeden Wert zwischen −1 und +1 annehmen. Also: $-1 \leqq y \leqq 1$
Die kleinste Periodenlänge beträgt 2π.
Es liegt Achsensymmetrie bzgl. der y-Achse vor.
Es gilt: $\cos(-x) = \cos x$

Kosinusfunktion

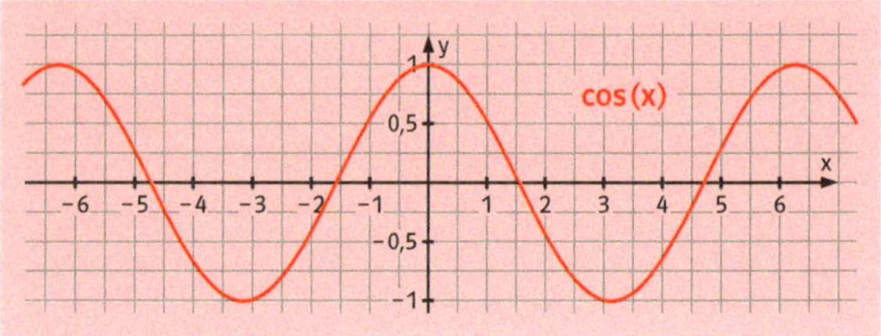

Tangensfunktion

Es gilt: $f(x) = \tan x$

Definitionsbereich: Unter der Tangensfunktion versteht man eine Zuordnung, die jeder Zahl x $\left(x \in \mathbb{R} \setminus \left\{-\frac{3}{2}\pi; -\frac{1}{2}\pi; \frac{1}{2}\pi; \frac{3}{2}\pi; \ldots\right\}\right)$ die Zahl $\tan x$ zuordnet.

Wertebereich: Die Tangensfunktion kann jeden Wert annehmen. Also: $-\infty \leqq y \leqq \infty$
Die kleinste Periodenlänge beträgt: π
Es liegt Punktsymmetrie bzgl. des Ursprungs vor. Es gilt: $\tan(-x) = -\tan x$

Tangensfunktion

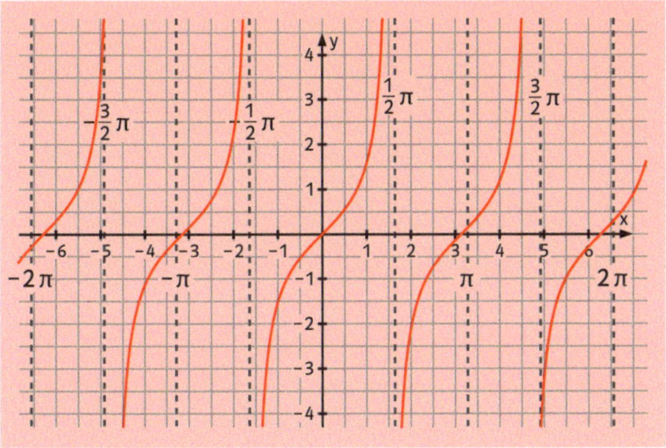

Kotangensfunktion

Es gilt: $f(x) = \cot x$

Definitionsbereich: Unter der Kotangensfunktion versteht man eine Zuordnung, die jeder Zahl x ($x \in \mathbb{R} \setminus \{-3\pi; -\pi; 0; \pi; 3\pi; ...\}$) die Zahl $\cot x$ zuordnet.

Wertebereich: Wie die Tangensfunktion kann sie jeden Wert annehmen. Also: $-\infty \leqq y \leqq \infty$

Die kleinste Periodenlänge beträgt: π

Es liegt Punktsymmetrie bzgl. des Ursprungs vor. Es gilt: $\cot(-x) = -\cot x$

Kotangensfunktion

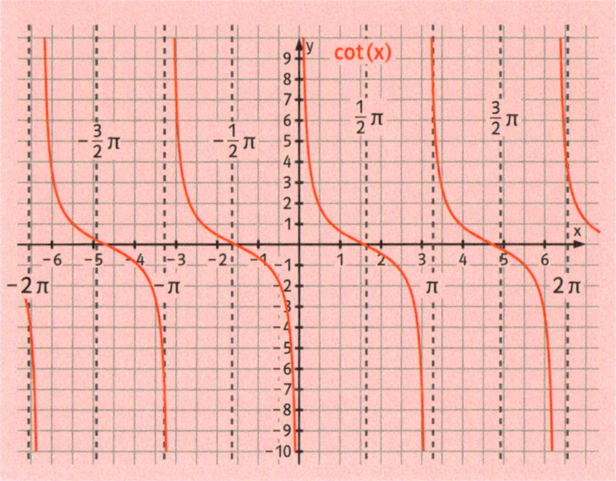

7.4 Gebrochenrationale Funktionen

Definition

Eine Funktion f mit der Zuordnungsvorschrift

$$f(x) = \frac{a_n x^n + a_{n-1} x^{n-1} + \ldots + a_1 x + a_0}{b_m x^m + b_{m-1} x^{m-1} + \ldots + b_1 x + b_0} = \frac{p(x)}{q(x)}$$

heißt gebrochenrationale Funktion. (Der Term ist nämlich ein Quotient)
Dabei sind die Koeffizienten $a_n, a_{n-1}, \ldots, a_1, a_0$ und $b_m, b_{m-1}, \ldots, b_1, b_0$ reelle Zahlen und $q(x) \neq 0$.

Ist das Nennerpolynom vom Grad 0, d.h. $q(x) \in \mathbb{R}$, so ist die Funktion ganzrational.

Eigenschaften

Definitionsmenge

Bei einer gebrochenrationalen Funktion wird durch den Nenner die Definitionsmenge festgelegt:
Zur Definitionsmenge gehören alle x, für die das Nennerpolynom nicht 0 wird.

Nullstellen

Die Nullstellen einer gebrochenrationalen Funktion werden durch das Zählerpolynom festgelegt.
Es reicht aus, zu untersuchen für welche x-Werte des Definitionsbereiches das Zählerpolynom 0 wird.

Ableitung

Das Ableiten einer gebrochenrationalen Funktion ist nach einer Polynomdivision oft einfacher.

Graph einer gebrochenrationalen Funktion

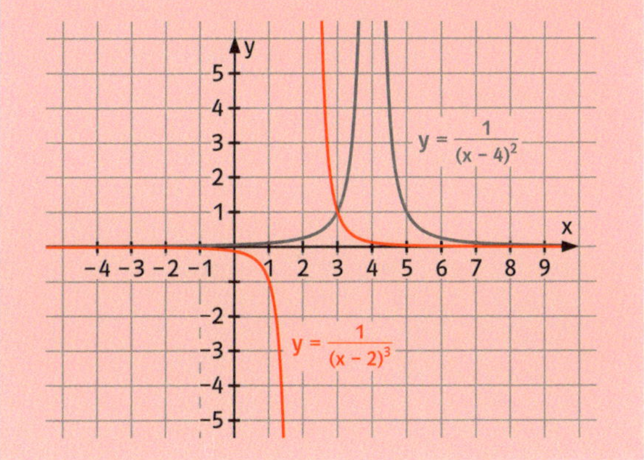

Analysis

8 Elemente der Funktionsuntersuchung

QUICK-FINDER

8 Elemente der Funktionsuntersuchung

8 Elemente der Funktionsuntersuchung

Ableitungen

Lern-Video
www.sofatutor.com/klett/8z

Definition

Gegeben ist eine Funktion f mit dem Definitionsbereich D und dem Wertebereich W.
Existiert an einer beliebigen Stelle $x_0 \in D$ der Grenzwert $\lim\limits_{x \to x_0} \frac{f(x) - f(x_0)}{x - x_0}$, so nennt man ihn die **Ableitung** oder den **Differenzialquotient** von f an der Stelle x_0.

Man sagt auch: Die Funktion f ist an der Stelle x_0 **ableitbar** oder **differenzierbar**. Für die Ableitung schreibt man auch: $f'(x)$ (lies: f Strich an der Stelle x)

Hinweis: Existiert der Grenzwert an der Stelle x_0 nicht, so ist die Funktion f nicht differenzierbar.

Geometrische Bedeutung der Ableitung

Der Term $\frac{f(x) - f(x_0)}{x - x_0}$ gibt die Steigung einer Geraden an, die den Graphen der Funktion f in zwei Punkten $P(x \mid f(x))$ und $P(x_0 \mid f(x_0))$ schneidet (Steigung der Sekante).
Man nennt ihn auch **Differenzenquotient**.

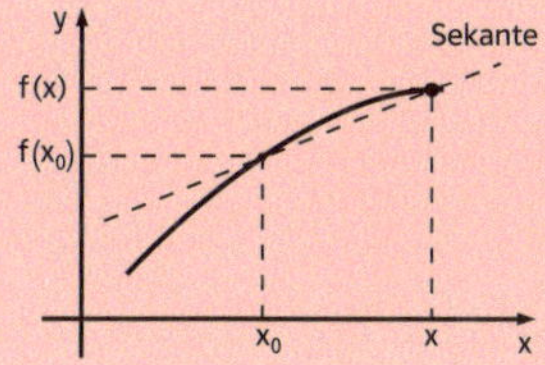

Steigung der Sekante:
$\frac{f(x) - f(x_0)}{x - x_0}$

8

Bildet man nun den Grenzübergang $x \to x_0$, so wird aus der Sekante die **Tangente** (Gerade, die den Graphen von f nur in einem Punkt berührt).

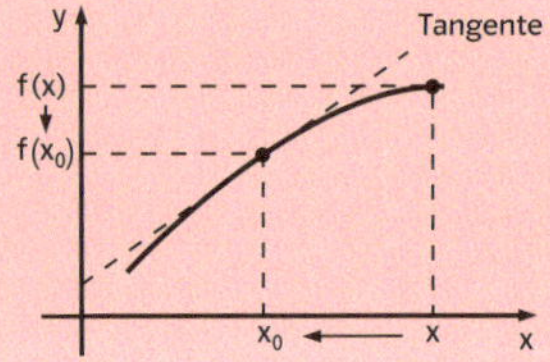

Steigung der Tangente:

$$\lim_{x \to x_0} \frac{f(x) - f(x_0)}{x - x_0} = f'(x)$$

Die Steigung der Tangente an die Kurve an einer Stelle x_0 ist somit die Ableitung der Kurve an dieser Stelle.
Die Gleichung der Tangente in einem Punkt $P(x_0 | f(x_0))$ lautet:

$$y = f(x_0) + f'(x_0)\,(x - x_0)$$

Lehrer-Tipp: Wofür braucht man überhaupt die Ableitung?

„Mit der Ableitungsfunktion kann man nicht nur bei Geraden, sondern auch bei gekrümmten Graphen direkt berechnen, welche Steigung in dem jeweiligen Punkt vorliegt."

Monika Albrecht, Gymnasiallehrerin in Alzey

Besonders wichtig: Ableitungsregeln

Ableitungsfunktion
Gegeben ist eine Funktion f mit dem Definitionsbereich D.
Ist diese Funktion für alle $x \in D$ ableitbar, so heißt die Funktion

$$f': x \to f'(x)$$

die Ableitungsfunktion oder Ableitung der Funktion f.

Potenzregel
Ist die Potenzfunktion $f(x) = c \cdot x^n$ $(n \in \mathbb{N})$ an der Stelle $x \in D$ ableitbar, so gilt für die Ableitung der Funktion:

$$f'(x) = c \cdot n \cdot x^{n-1}$$

Summen- und Faktorregel
Sind die Funktionen g und h an der Stelle $x \in D$ ableitbar, so ist die Funktion:
$f(x) = g(x) + h(x)$ auch an der Stelle $x \in D$ ableitbar und es gilt:

$$f'(x) = g'(x) + h'(x)$$

$f(x) = c \cdot g(x)$ auch an der Stelle $x \in D$ ableitbar und es gilt:

$$f'(x) = c \cdot g'(x)$$

Produktregel
Sind die Funktionen g und h an der Stelle $x \in D$ ableitbar, so ist die Funktion:
$f(x) = g(x) \cdot h(x)$ auch an der Stelle $x \in D$ ableitbar und es gilt:

$$f'(x) = g'(x) \cdot h(x) + g(x) \cdot h'(x)$$

Quotientenregel
Sind die Funktionen g und h an der Stelle $x \in D$ ableitbar und ist $h(x) \neq 0$, so ist die Funktion:
$f(x) = \frac{g(x)}{h(x)}$ auch an der Stelle $x \in D$ ableitbar und es gilt:

$$f'(x) = \frac{g'(x) \cdot h(x) - g(x) \cdot h'(x)}{h^2(x)}$$

Kettenregel
Gegeben sind die Funktion $v(x)$ und $u(v)$. Die Funktion $u \circ v$: $x \rightarrow u(v(x))$ heißt Verkettung der Funktionen u und v.

Sind die Funktionen u und v jeweils an der Stelle $x \in D$ ableitbar, so ist die Funktion:
$f(x) = u(v(x))$ auch an der Stelle $x \in D$ ableitbar und es gilt:

$$f'(x) = u'(v(x)) \cdot v'(x)$$

Symmetrie

1. Achsensymmetrisch zur y-Achse

Eine Funktion f heißt achsensymmetrisch zur y-Achse, wenn für alle $x \in D$ gilt:

$$f(-x) = f(x)$$

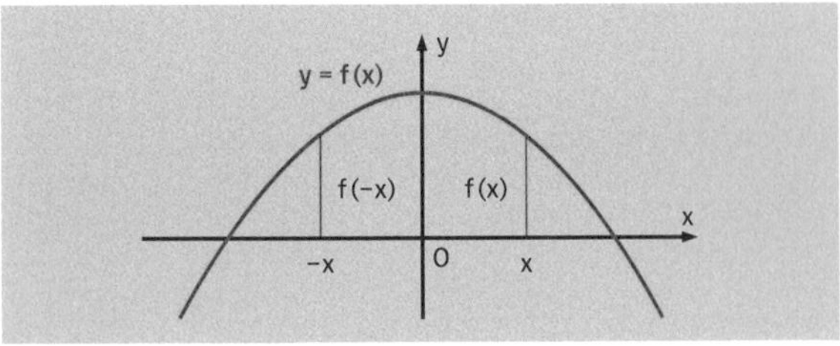

2. Punktsymmetrisch zum Ursprung

Eine Funktion f heißt punktsymmetrisch zum Ursprung, wenn für alle $x \in D$ gilt:

$$f(-x) = -f(x)$$

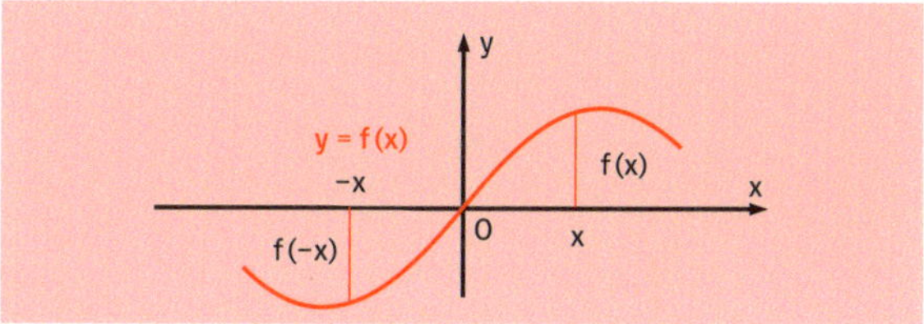

3. Achsensymmetrisch zur Geraden $x = x_0$

Eine Funktion f heißt achsensymmetrisch zur Geraden $x = x_0$, wenn für alle $x_0 \in D$ und $h \in \mathbb{R}$ gilt;

$$f(x_0 - h) = f(x_0 + h)$$

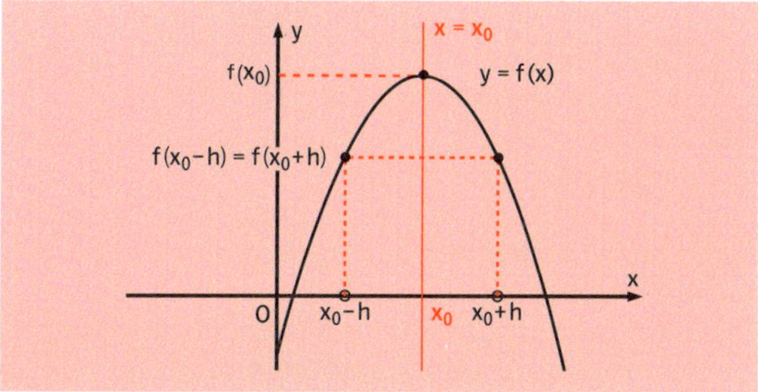

4. Punktsymmetrisch zum Punkt $P(x_0 | y_0)$

Eine Funktion f heißt punktsymmetrisch zum Punkt $P(x_0 | y_0)$, wenn für alle $x_0 \in D$ und $h \in \mathbb{R}$ gilt:

$$f(x_0 - h) - y_0 = y_0 - f(x_0 + h)$$

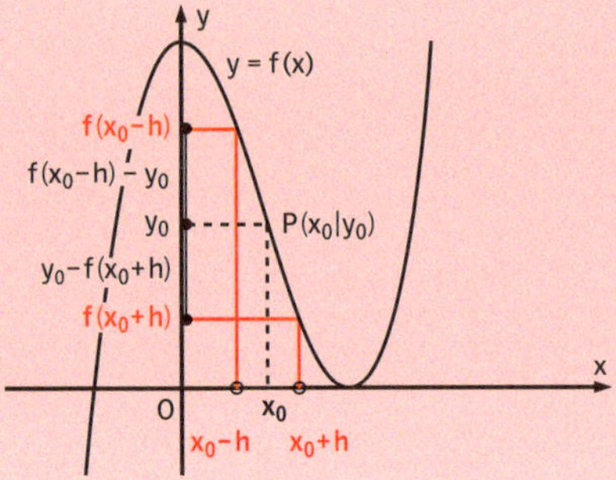

Nullstellen

Schneidet oder berührt der Graph der Funktion f die x-Achse an der Stelle x_1, so nennt man diese Stelle **Nullstelle** der Funktion f.

Es gilt also:
Eine Zahl $x_1 \in D$ heißt Nullstelle der Funktion f, wenn gilt:

$$f(x_1) = 0$$

Bestimmung von Nullstellen bei quadratischen Funktionen $f(x) = ax^2 + bx + c$

Quadratische Funktionen haben höchstens zwei Nullstellen. Man bestimmt sie im Allgemeinen mit der Mitternachtsformel oder im Sonderfall durch Ausklammern.

- **Lösen mit der Mitternachtsformel**

Beispiel:
$f(x) = x^2 + 2x - 3$
$f(x) = 0$

$x_{1,2} = \frac{-b \pm \sqrt{b^2 - 4ac}}{2a}$ wobei $b^2 - 4ac \geqq 0$

$x_{1,2} = \frac{-2 \pm \sqrt{4 + 12}}{2}$

$x_1 = 1$ oder $x_2 = -3$

- **Lösen durch Ausklammern (wenn kein konstantes Glied vorhanden ist)**

Beispiel: $f(x) = 2x^2 - 4x$

$f(x) = 0$

$x(2x - 4) = 0$

$x_1 = 0$ oder $x_2 = 2$

Bestimmung von Nullstellen eines Polynoms

Hat das Polynom einen Grad, der größer als 2 ist, so existiert keine Formel zur Lösung. Nur für Sonderfälle existieren spezielle Lösungsverfahren:

- **Lösen durch Ausklammern**

Beispiel: $2x^3 + x^2 - 3x = 0$

$x(2x^2 + x - 3) = 0$

$x_1 = 0$ oder $2x^2 + x - 3 = 0$

Mit der Mitternachtsformel folgt:

$x_2 = 1$ oder $x_3 = -1{,}5$

- **Lösen durch Substitution (bei geraden Funktionen)**

Beispiel: $x^4 - 7x^2 + 12 = 0$

Substitution: $u = x^2$

$u^2 - 7u + 12 = 0$

Mit der Mitternachtsformel folgt: $u_1 = 4$ oder $u_2 = 3$

Resubstitution:

$x_1 = 2;\ x_2 = -2;\ x_3 = \sqrt{3};\ x_4 = -\sqrt{3}$

- **Lösen durch Probieren und Polynomdivision**

Beispiel: $x^3 + 2x^2 + x - 4 = 0$
Probieren liefert $x_1 = 1$
Polynomdivision:

$$
\begin{array}{l}
(x^3 + 2x^2 + x - 4) : (x - 1) = x^2 + 3x + 4 \\
\underline{-(x^3 - x^2)} \\
\phantom{-(x^3 -{}} 3x^2 + x \\
\underline{-(3x^2 - 3x)} \\
\phantom{-(x^3 - 3x^2 -{}} 4x - 4 \\
\underline{-(4x - 4)} \\
\phantom{-(x^3 - 3x^2 - 4x -{}} 0
\end{array}
$$

Lösen der Gleichung $x^2 + 3x + 4 = 0$ liefert keine weiteren Lösungen. Somit ist $x_1 = 1$ die einzige Nullstelle.

Grenzverhalten

Beim Grenzverhalten von Funktionen untersucht man, wie sich die Funktion für sehr große und sehr kleine x-Werte verhält.
D.h. wie verhält sich die Funktion f für $x \to \pm\infty$?

Bei gebrochenrationalen Funktionen $f(x) = \frac{p(x)}{q(x)}$ untersucht man außerdem, was passiert, wenn sich die Funktion einer **Definitionslücke** (Stelle, an der das Nennerpolynom null wird) nähert.

Verhalten von ganzrationalen Funktionen

Bei ganzrationalen Funktionen $f(x) = a_n x^n + a_{n-1} x^{n-1} + \ldots + a_1 x + a_0$ wird das Verhalten von f für $x \to \pm\infty$ durch den Summanden mit der höchsten Potenz bestimmt.

Verhalten von gebrochenrationalen Funktionen

- $x \to \pm\infty$ (x strebt gegen unendlich)
  Kommen die Funktionswerte f(x) der Funktion f für $x \to \pm\infty$ einer Zahl a beliebig nahe, so nennt man diese Zahl den **Grenzwert der Funktion f.**
  Man schreibt: Für $x \to \pm\infty$ gilt: $f(x) \to a$
  Oder kurz: $\lim\limits_{x \to \pm\infty} f(x) = a$
  Die Gerade mit der Gleichung $y = a$ heißt **waagerechte Asymptote** des Schaubildes von f.

Beispiel:
Untersuche die Funktion $f(x) = \frac{2}{x-2} - 3$ für $x \to \pm\infty$
Für $x \to \pm\infty$ geht $x - 2 \to \pm\infty$ und damit $\frac{2}{x-2} \to 0$
Also ist $\lim\limits_{x \to \pm\infty} f(x) = -3$. Die Gerade $y = -3$ ist waagerechte Asymptote.

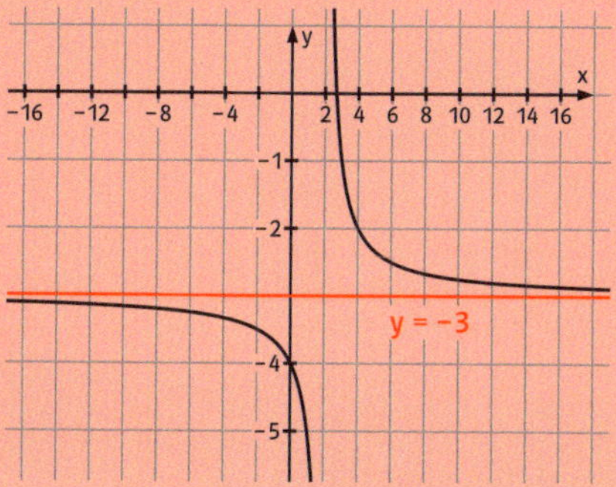

- $x \to x_0$ **(x_0 sei die Definitionslücke)**
  Strebt die Funktion f für $x \to x_0$ mit $x > x_0$ gegen $\pm\infty$ sowie für $x \to x_0$ mit $x < x_0$ gegen $\pm\infty$, so nennt man die Gerade mit der Gleichung $x = x_0$ **senkrechte Asymptote** des Schaubildes von f.

Beispiel:
Untersuche die Funktion $f(x) = \frac{1}{(x-4)}$ bei Annäherung an die Definitionslücke $x_0 = 4$.

Für $x \to 4$ und $x > 4$ gilt: $f(x) \to +\infty$
Für $x \to 4$ und $x < 4$ gilt: $f(x) \to -\infty$

Die Gerade mit der Gleichung $x = 4$ ist senkrechte Asymptote.

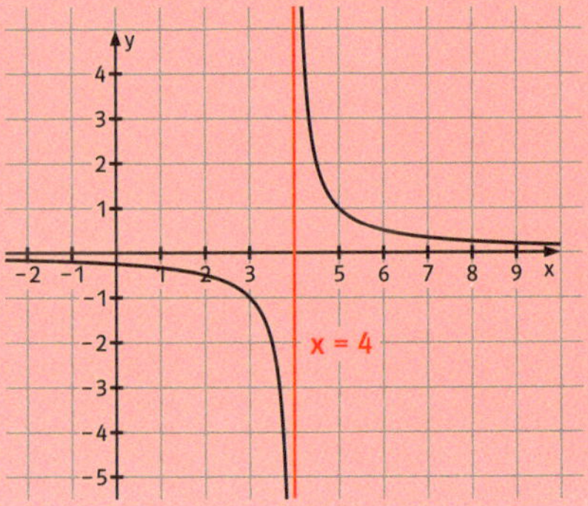

Monotonie

Die Funktion f sei auf einem Intervall I definiert. Wenn für alle x_1, x_2 aus I gilt:

Aus $x_1 < x_2$ folgt $f(x_1) < f(x_2)$, dann ist f **streng monoton steigend (zunehmend)** in I.
Aus $x_1 < x_2$ folgt $f(x_1) > f(x_2)$, dann ist f **streng monoton fallend (abnehmend)** in I.
Aus $x_1 < x_2$ folgt $f(x_1) \leqq f(x_2)$, dann heißt f **monoton steigend (zunehmend)** in I.
Aus $x_1 < x_2$ folgt $f(x_1) \geqq f(x_2)$, dann heißt f **monoton fallend (abnehmend)** in I.

Für $x < 0$ gilt: aus $x_1 < x_2$ folgt $f(x_1) > f(x_2)$, somit ist die Funktion streng monoton fallend für $x < 0$.
Für $x > 0$ gilt: aus $x_3 < x_4$ folgt $f(x_3) < f(x_4)$, somit ist die Funktion streng monoton steigend für $x > 0$.

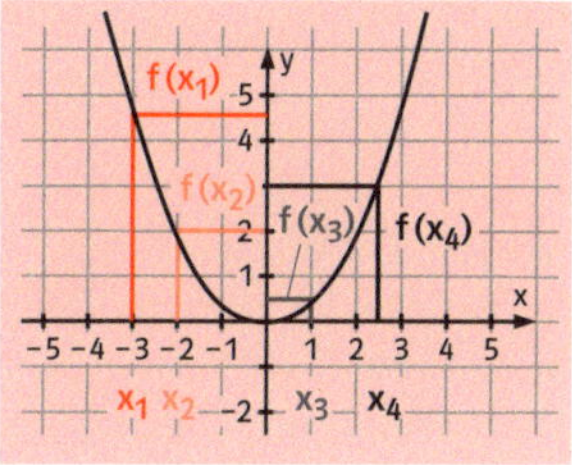

Monotoniesatz
Die Funktion f sei im Intervall I differenzierbar. Wenn für alle $x \in I$ gilt:
$f'(x) > 0$, dann ist f **streng monoton zunehmend** in I.
$f'(x) < 0$, dann ist f **streng monoton abnehmend** in I.

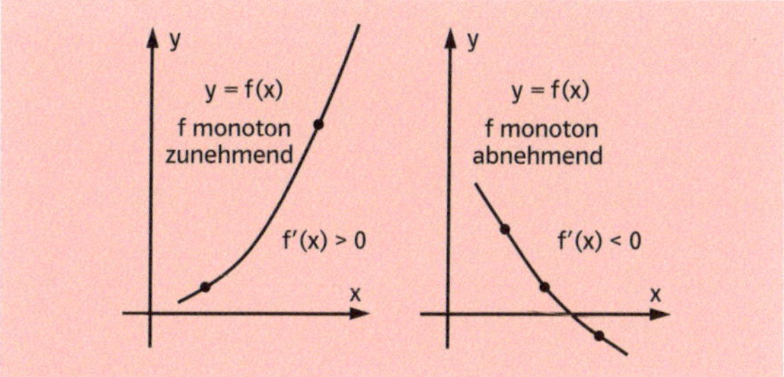

Beispiel:
Ermittle die Intervalle, in denen f monoton ist:
$f(x) = 4x + x^2$
$f'(x) = 4 + 2x$
$f'(x) < 0$, wenn $x < -2$ und $f'(x) > 0$, wenn $x > -2$
Also ist f streng monoton fallend für $x < -2$ und streng monoton steigend für $x > -2$.

Extrempunkte

Lern-Video
www.sofatutor.com/klett/91

Nimmt ein Funktionswert in einem Intervall I seinen höchsten oder tiefsten Wert an, so hat die Funktion ein Maximum oder Minimum. Man nennt diesen Wert auch **Extremwert** und die zugehörige Stelle x_0 **Extremstelle**. Der zugehörige Punkt $P(x_0 | f(x_0))$ heißt **Extrempunkt**. Handelt es sich bei dem Extrempunkt um ein Minimum, so sagt man auch **Tiefpunkt**. Bei einem Maximum sagt man **Hochpunkt**.

Bestimmung von Extrempunkten

Meistens liegt ein Extrempunkt an den Stellen vor, an denen die Kurve ihre Richtung (**Monotonie**) ändert. Da die Ableitung die Steigung darstellt und bei Richtungsänderung die Steigung für einen Punkt Null ist, muss die Ableitung null sein.

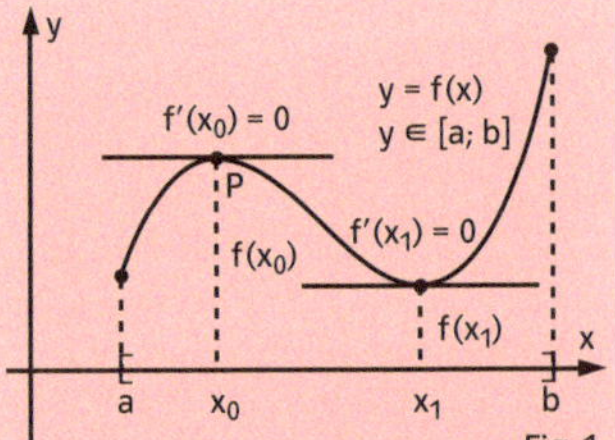

Fig. 1

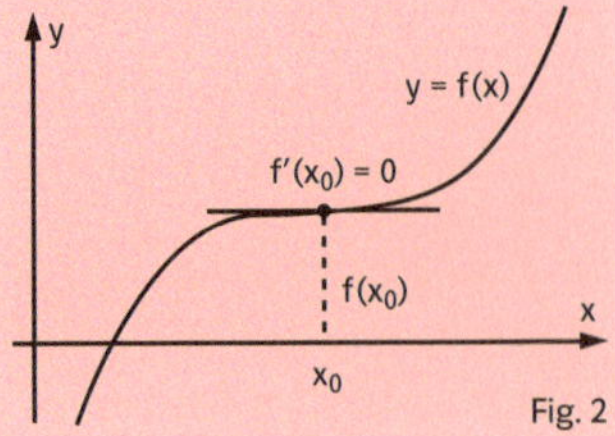

Fig. 2

Figur 2 zeigt:
Nicht jeder x-Wert, der die Bedingung $f'(x) = 0$ erfüllt, muss eine Extremstelle sein.

Notwendige Bedingung für Extremstellen: $f'(x_0) = 0$

In beiden Fällen ist $f'(x_0) = 0$, dennoch handelt es sich nur bei Figur 1 um Extrempunkte. Somit erkennt man, dass man eine weitere Bedingung für die Bestimmung von Extremwerten braucht.

Hinreichende Bedingung für Extremstellen

$f'(x_0) = 0$ und Vorzeichenwechsel von $f'(x)$ bei x_0 von − nach +: lokales Minimum.
$f'(x_0) = 0$ und Vorzeichenwechsel von $f'(x)$ bei x_0 von + nach −: lokales Maximum.
ODER
$f'(x_0) = 0$ und $f''(x_0) > 0$: lokales Minimum.
$f'(x_0) = 0$ und $f''(x_0) < 0$: lokales Maximum.

Beispiel:
Bestimme die Extrempunkte der Funktion
$f(x) = x^3 - 3x - 4$

$f'(x) = 3x^2 - 3$; $f''(x) = 6x$
Notwendige Bedingung: $f'(x) = 0$, also $3x^2 - 3 = 0$,
wenn $x_1 = 1$ oder $x_2 = -1$
Hinreichende Bedingung:
$f''(1) = 6 > 0$, also Minimum
$f''(-1) = -6 < 0$, also Maximum

Den Extremwert bestimmt man, indem man die Stellen $x_1 = 1$ und $x_2 = -1$ in die Funktion $f(x) = x^3 - 3x - 4$ einsetzt:
$f(1) = -6$ und $f(-1) = -2$
Die Extrempunkte lauten:
Tiefpunkt $T(1|-6)$ und Hochpunkt $H(-1|-2)$.

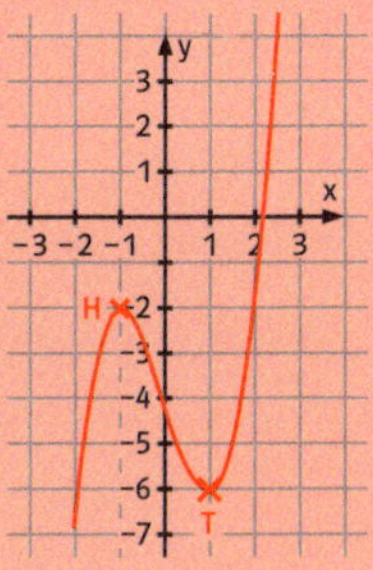

8

Geometrie

9 Grundbegriffe

QUICK-FINDER

9.1 Punkte

Was ist ein Punkt?

Ein Punkt ist ein grundlegendes Objekt in der Geometrie. Es ist ein Objekt ohne Ausdehnung.

Beschreibung im Koordinatensystem

Ein Punkt in einem Koordinatensystem wird durch einen Großbuchstaben und 2 Zahlen beschrieben.

Beispiel: P(5|3)

Die beiden Zahlen beschreiben, wie man vom Ursprung aus zu diesem Punkt gelangt. Der erste Wert (hier 5) gibt an, dass man 5 Einheiten auf der x-Achse nach rechts laufen muss (bei negativem Wert nach links). Man nennt diesen Wert **x-Koordinate**. Der zweite Wert (hier 3) gibt an, dass man 3 Einheiten auf der y-Achse nach oben laufen muss (bei negativem Wert nach unten). Diesen Wert nennt man **y-Koordinate**.

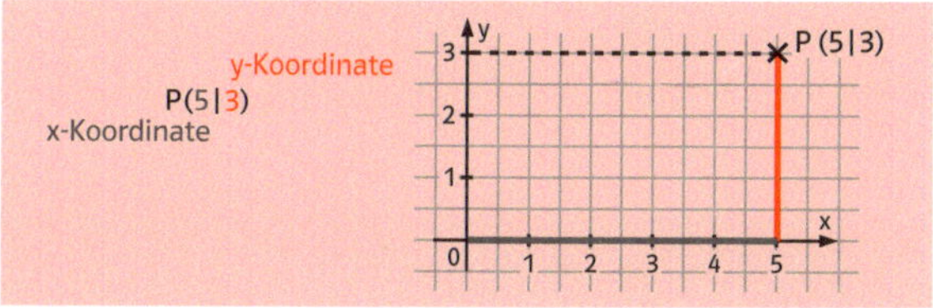

9.2 Linien

Was ist eine Linie?

Unendlich viele Punkte, die ohne Zwischenraum aneinandergereiht sind, bilden eine Linie.

Eine Linie ist unendlich dünn und kann eine bestimmte Länge besitzen oder unendlich lang sein.
Es gibt gekrümmte oder gerade Linien.
Linien werden mit Kleinbuchstaben bezeichnet.

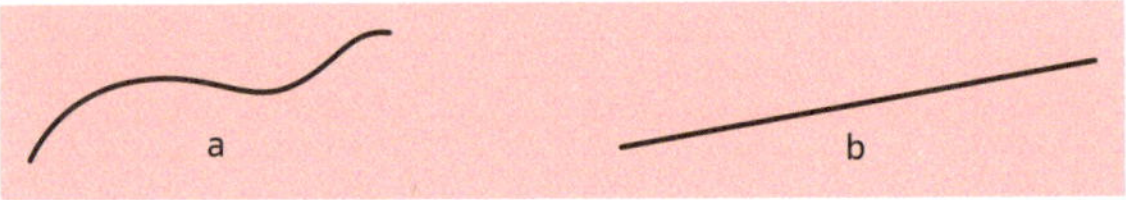

Strecke

Eine gerade Linie mit Anfangs- und Endpunkt nennt man eine Strecke. Sie ist somit die kürzeste Verbindung zwischen zwei Punkten.
Hat eine Strecke den Anfangspunkt A und den Endpunkt B, so nennt man die Strecke AB und schreibt: $\overline{AB}$.

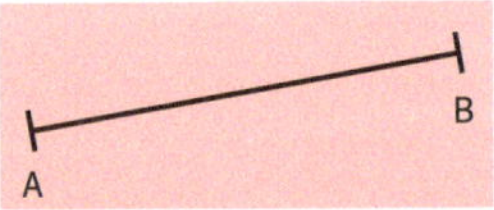

Beispiel:
Hat eine Strecke eine Länge von z. B. 4 cm, so schreibt man: $\overline{AB} = 4\,\text{cm}$.
Verbindet man mehrere Punkte miteinander durch Strecken, so erhält man einen Streckenzug.

9.3 Geraden

Was ist eine Gerade?

Verlängert man eine Strecke über ihre Endpunkte hinaus, so erhält man eine **Gerade**. Eine Gerade hat somit keinen Anfang und kein Ende, sie ist unendlich lang.
Eine Gerade ist durch zwei Punkte, z. B. A und B, eindeutig festgelegt.

Geraden werden immer mit Kleinbuchstaben gekennzeichnet, z. B. g, h, ...

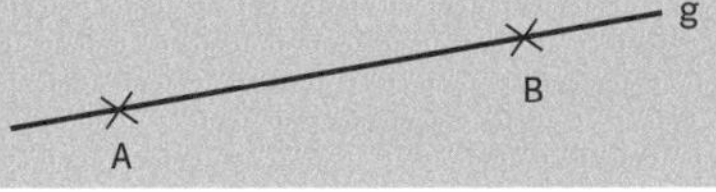

Verlängert man eine Strecke nur auf einer Seite, so erhält man eine **Halbgerade** oder **Strahl**. Eine Halbgerade hat einen Anfang, aber kein Ende. Hat die Halbgerade eine Richtung, so nennt man sie ein Strahl.

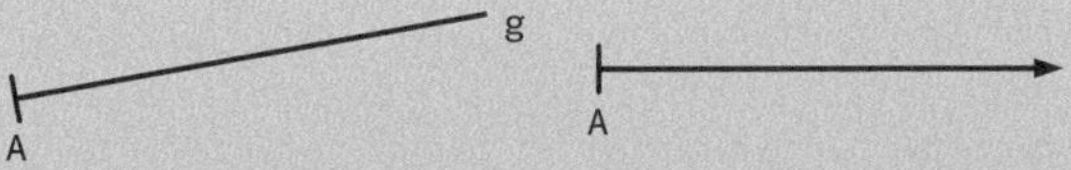

Besonders wichtig: Lage von Geraden

Schnittpunkt von Geraden

Haben Geraden einen gemeinsamen Punkt, so sagt man, die Geraden schneiden sich. Den Punkt bezeichnet man als Schnittpunkt.

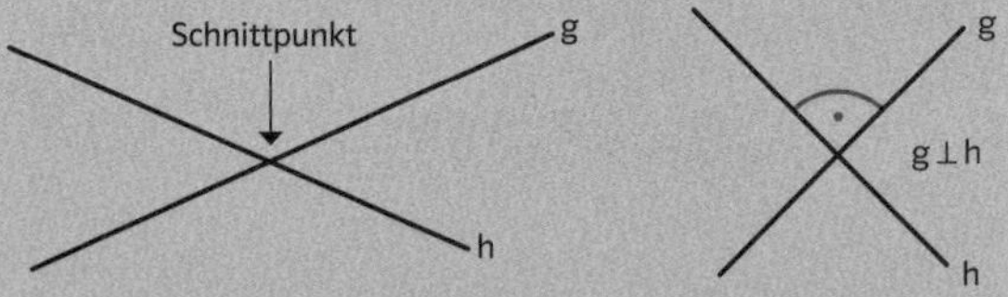

Schneiden sich die Geraden in einem rechten Winkel, so sagt man auch, die Geraden sind **orthogonal** zueinander.

Sind die Geraden g und h orthogonal zueinander, so schreibt man: $g \perp h$.

Parallele Geraden
Haben Geraden keinen Schnittpunkt, so sagt man, die Geraden sind parallel zueinander.
Man schreibt dafür g ∥ h.

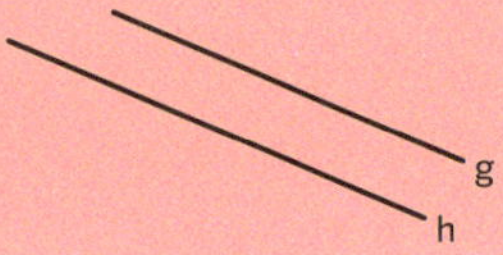

9.4 Flächen

Was ist eine Figur?

In der Geometrie nennt man eine ebene Fläche auch Figur. Jede Fläche mit einer geschlossenen Linie in der Ebene ist eine Figur.
Auch Körper werden von Flächen begrenzt. Diese nennt man Oberflächen. Außer den ebenen Flächen gibt es noch gekrümmte Flächen, wie z. B. die Erdoberfläche.

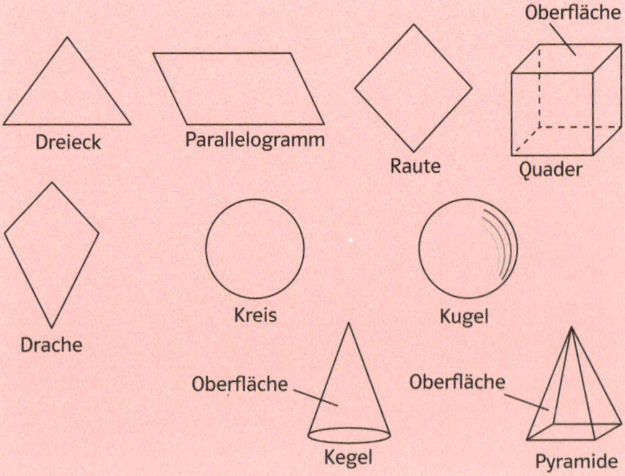

Bei Figuren verwendet man folgende Bezeichnungen:
- **Eckpunkte**: A, B, C, D, ...
- **Seiten**: a, b, c, d, ...
- Verbindet man gegenüberliegende Eckpunkte miteinander, so nennt man die entstehende Strecke **Diagonale**.
- Addiert man alle Seitenlängen miteinander, so erhält man den **Umfang** der Figur.

9.5 Winkel

Was ist ein Winkel?

Zwei unterschiedliche Halbgeraden mit gleichem Anfangspunkt bilden einen **Winkel**. Den Anfangspunkt nennt man in diesem Fall **Scheitel S** des Winkels. Die beiden Halbgeraden heißen **Schenkel** des Winkels.
Winkel bezeichnet man mit griechischen Buchstaben:
α – Alpha; β – Beta; γ – Gamma; δ – Delta.

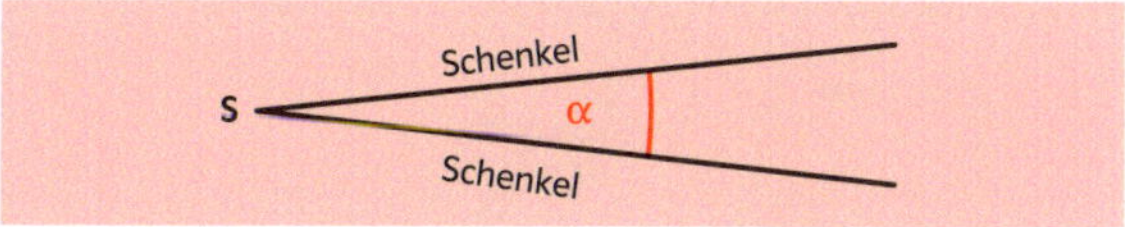

Die Weite eines Winkels wird in Grad angegeben.
Teilt man einen Kreis in 360 gleiche Kreisausschnitte, so entsteht ein Winkel von einem Grad (1°).

Winkelarten

Winkel mit unterschiedlichen Winkelweiten werden unterschiedlich bezeichnet.

Rechter Winkel Die Schenkel sind orthogonal zueinander ($\alpha = 90°$).	**Gestreckter Winkel** Die Schenkel bilden eine Gerade ($\alpha = 180°$).
Vollwinkel Die Schenkel liegen aufeinander ($\alpha = 360°$).	**Spitzer Winkel** Die Weite des Winkels liegt zwischen 0° und 90°.
Stumpfer Winkel Die Weite des Winkels liegt zwischen 90° und 180°.	**Überstumpfer Winkel** Die Weite des Winkels liegt zwischen 180° und 360°.

Winkel an Geraden

Lern-Video
www.sofatutor.com/klett/92

Scheitel- und Nebenwinkel

Schneiden sich 2 Geraden, so entstehen dabei 4 Winkel.

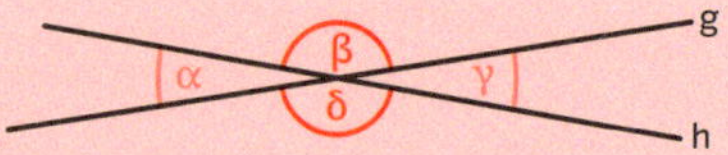

Scheitelwinkel: α und γ, sowie β und δ.
Nebenwinkel: α und β, β und γ, γ und δ, sowie δ und α.
Die Scheitelwinkel sind gleich groß.
Die Nebenwinkel ergeben zusammen 180°.

Stufen- und Wechselwinkel

Werden zwei Geraden g und h von einer dritten Geraden i geschnitten, so entstehen weitere Winkel.
Die Winkel α und β sind **Stufenwinkel**, da sie auf dersel-

ben Seite der Geraden i und auf entsprechenden Seiten der Geraden g und h liegen.

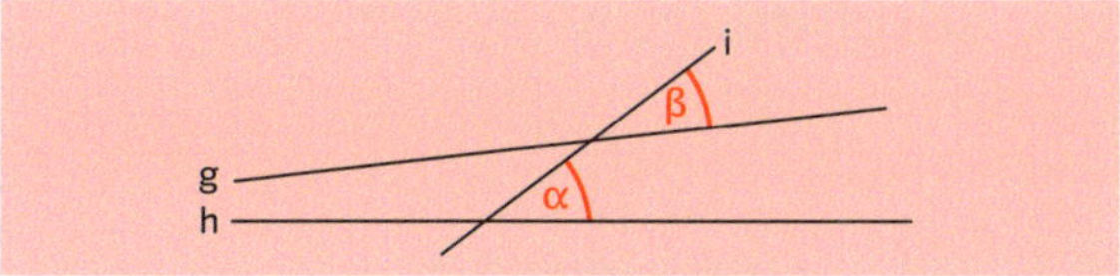

Die Winkel δ und γ sind **Wechselwinkel**, da sie auf verschiedenen Seiten der Geraden i und entgegengesetzten Seiten der Geraden g und h liegen.

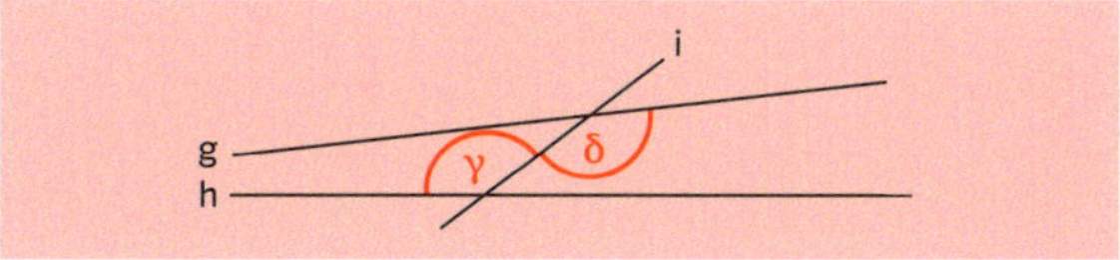

Stufenwinkelsatz

Ist g || h, dann sind α und β gleich groß.
Oder: Sind α und β gleich groß, dann ist g || h.

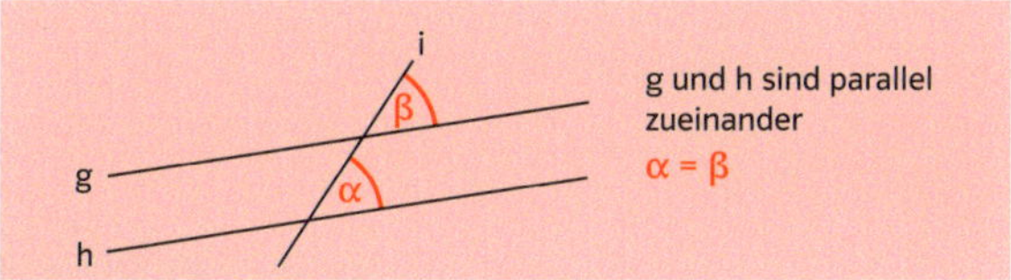

Wechselwinkelsatz

Ist g || h, dann sind δ und γ gleich groß.
Oder: Sind δ und γ gleich groß, dann ist g || h.

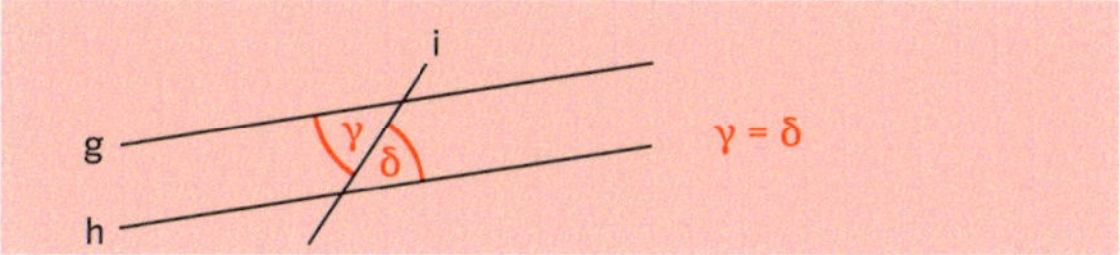

Geometrie

10 Abbildungen

QUICK-FINDER

10.1 Kongruenzabbildungen

Definition

Zwei Figuren heißen **kongruent** (**deckungsgleich**) zueinander, wenn sie in Form und Größe übereinstimmen.
Schreibweise: $A \cong B$ (sprich: A ist kongruent zu B)

Kongruenzabbildung nennt man eine Abbildung, die eine Figur auf eine kongruente Figur abbildet.
Kongruenzabbildungen sind geraden-, längen- und winkeltreu. D.h. Geraden werden auf Geraden abgebildet und Streckenlängen bzw. Winkelgrößen bleiben unverändert. Kongruenzabbildungen sind **umkehrbare Abbildungen**.

Beispiele:

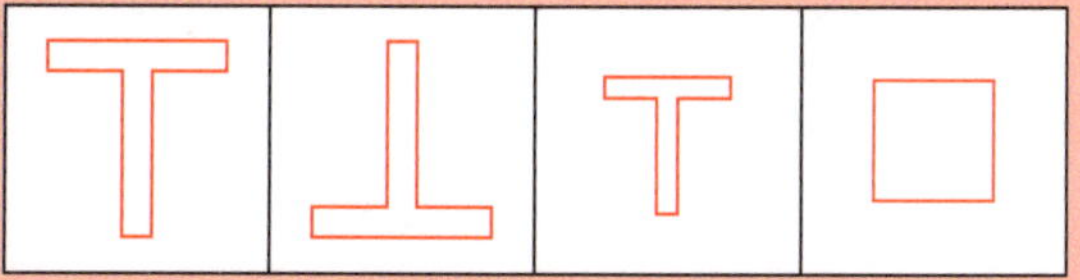

Die ersten beiden Figuren sind kongruent.
Die dritte Figur ist kleiner und deshalb nur ähnlich.
Die letzte Figur hat eine andere Form, sie ist weder ähnlich noch kongruent zu den anderen Figuren.

Achsenspiegelung

Eine Achsenspiegelung ist eine Abbildung, die durch eine Gerade g gegeben ist. Es wird jedem Punkt P ein Bildpunkt P′ zugeordnet.

Bei einer Achsenspiegelung an einer Geraden gilt:

- Die Verbindungsstrecke Punkt P – Bildpunkt P′ steht senkrecht auf der Geraden g.
- Die Verbindungsstrecke Punkt P – Bildpunkt P′ wird durch die Gerade g halbiert.

Achsenspiegelung **Punktspiegelung**

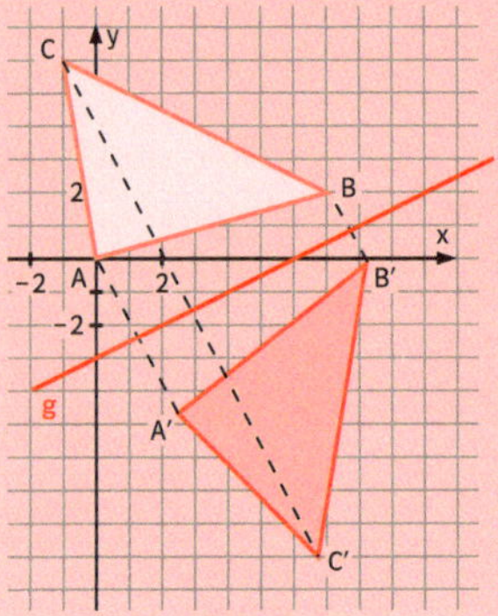

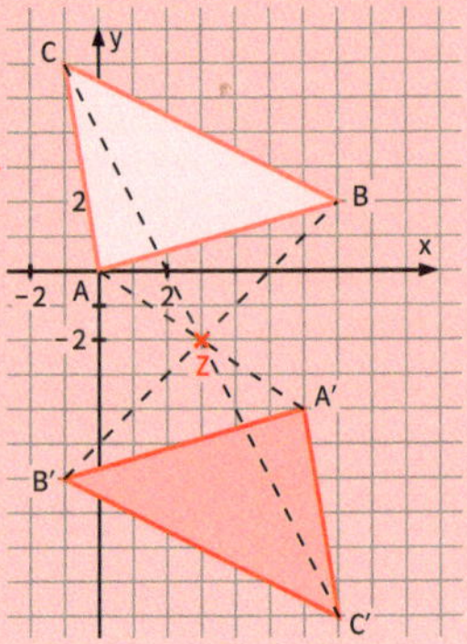

Punktspiegelung

Eine Punktspiegelung ist eine Abbildung, die durch einen Punkt Z (Spiegelpunkt, Zentrum) gegeben ist. Auch hier wird jedem Punkt P ein Bildpunkt P′ zugeordnet.

Bei einer Punktspiegelung gilt:

- Der Bildpunkt P′ liegt auf der Geraden durch P und das Zentrum Z.
- Die Verbindungsstrecke Punkt P – Bildpunkt P′ wird durch das Zentrum Z halbiert.

Drehung

Eine Drehung ist eine Abbildung, die durch einen **Punkt Z** (Drehzentrum) und einen **Winkel α** (Drehwinkel) gegeben ist. Auch hier wird jedem Punkt P ein Bildpunkt P′ zugeordnet.

Bei einer Drehung gilt:

- Der Bildpunkt P′ liegt auf dem Kreis um das Drehzentrum Z mit dem Radius $\overline{ZP}$.
- Der Drehwinkel α ist der Winkel PZP′.

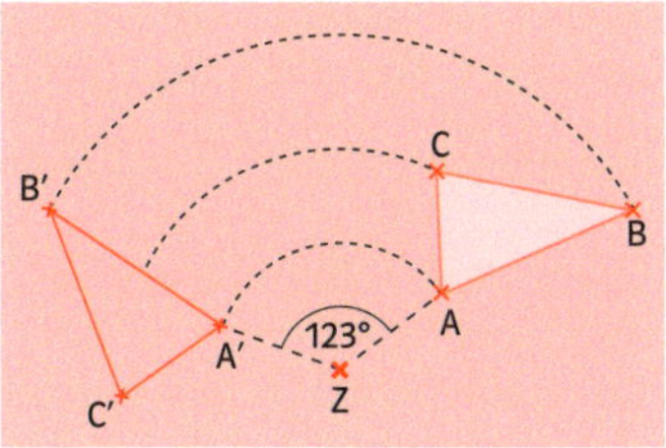

Verschiebung

Eine Verschiebung ist eine Abbildung, die durch einen **Verschiebungsvektor** $\overrightarrow{AB}$ gegeben ist. Auch hier wird jedem Punkt P ein Bildpunkt P′ zugeordnet.

Bei einer Verschiebung gilt:

- Die Strecke $\overline{PP'}$ ist parallel zu $\overrightarrow{AB}$.
- Die Strecke $\overline{AP}$ ist parallel zu $\overline{A'P'}$.

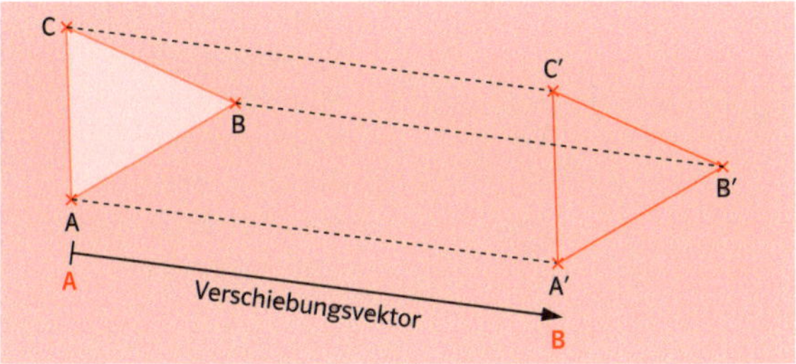

10.2 Ähnlichkeitsabbildungen

Definition

Zwei Figuren F und G nennt man **ähnlich**, wenn man F durch eine zentrische Streckung oder eine Hintereinanderausführung einer zentrischen Streckung und einer Kongruenzabbildung (Verschiebung, Drehung, Spiegelung) auf G abbilden kann.

Schreibweise: F ~ G (sprich: F ist ähnlich zu G)

Ähnlichkeitsabbildung nennt man die Verkettung einer zentrischen Streckung und einer Kongruenzabbildung. Ähnlichkeitsabbildungen sind geraden- und winkeltreu. Auch Längenverhältnisse bleiben erhalten.

Ähnlichkeitsabbildungen, bei denen die Streckenlänge erhalten bleibt, nennt man Kongruenzabbildungen. Somit sind die Kongruenzabbildungen eine Untergruppe der Ähnlichkeitsabbildungen.

Beispiel:

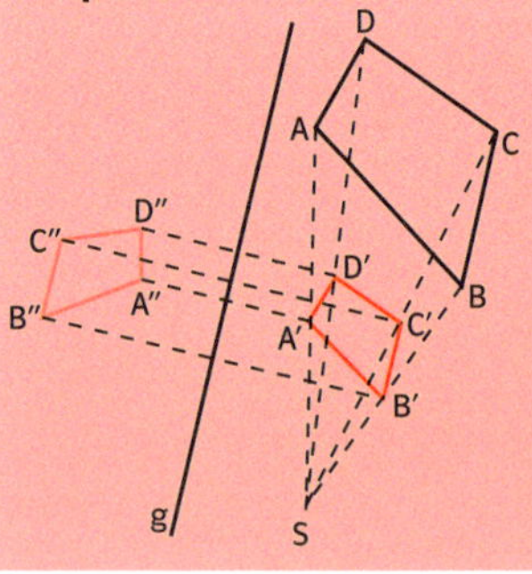

Die linke Figur A″B″C″D″ ist aus der rechten Figur ABCD entstanden durch eine Streckung mit dem Streckfaktor k = 0,5 und durch eine Geradenspiegelung an g. Somit sind die beiden Figuren ähnlich.

Besonders wichtig: Strahlensätze

Lern-Video
www.sofatutor.com/klett/93

1. Strahlensatz

Werden zwei von einem Punkt S ausgehende Strahlen a und b von zwei zueinander parallelen Geraden g und h geschnitten, dann gilt:
Die Abschnitte auf dem einen Strahl verhalten sich wie die entsprechenden Abschnitte auf dem anderen Strahl.

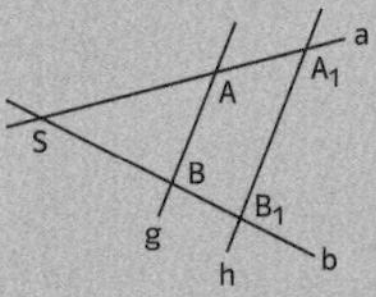

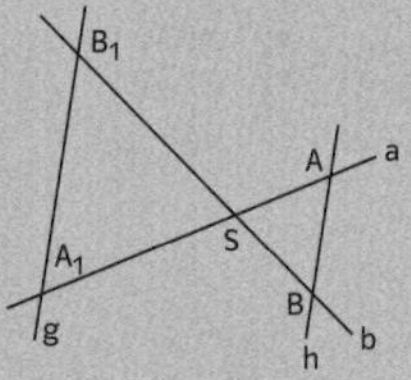

$\frac{\overline{SA}}{\overline{AA_1}} = \frac{\overline{SB}}{\overline{BB_1}}$ oder $\frac{\overline{SA}}{\overline{SA_1}} = \frac{\overline{SB}}{\overline{SB_1}}$ $\quad$ $\frac{\overline{SA}}{\overline{SA_1}} = \frac{\overline{SB}}{\overline{SB_1}}$ oder $\frac{\overline{SA}}{\overline{AA_1}} = \frac{\overline{SB}}{\overline{BB_1}}$

2. Strahlensatz

Werden zwei von einem Punkt S ausgehende Strahlen a und b von zwei zueinander parallelen Geraden g und h geschnitten, dann gilt:
Die Abschnitte auf den Parallelen verhalten sich wie die von S aus gemessenen entsprechenden Abschnitte auf jedem Strahl.

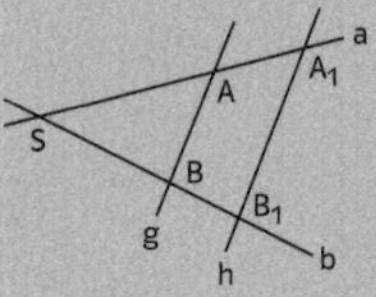

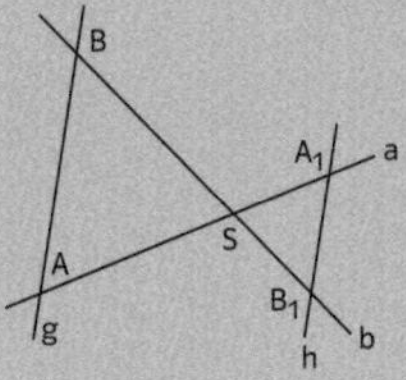

$\frac{\overline{AB}}{\overline{A_1B_1}} = \frac{\overline{SA}}{\overline{SA_1}} = \frac{\overline{SB}}{\overline{SB_1}}$ $\quad$ $\frac{\overline{AB}}{\overline{A_1B_1}} = \frac{\overline{SA}}{\overline{SA_1}} = \frac{\overline{SB}}{\overline{SB_1}}$

Zentrische Streckung

Unter einer zentrischen Streckung versteht man eine Abbildung, die jede Strecke in einem bestimmten Verhältnis vergrößert oder verkleinert. Dabei ist die verkleinerte oder vergrößerte Strecke parallel zur ursprünglichen Strecke.

Eine **Zentrische Streckung** mit dem **Streckzentrum S** und dem **Streckfaktor k** ordnet einem Punkt P einen Bildpunkt P′ so zu, dass gilt:

- P, P′ und S liegen auf einer Geraden
- $SP' = |k| \cdot SP$

Ist $k > 0$, so liegen P und P′ auf derselben Seite von S.
Ist $k < 0$, so liegen P und P′ auf entgegengesetzten Seiten von S.
Ist $|k| > 1$, so wird die Figur vergrößert. Ist $|k| < 1$, so wird die Figur verkleinert. Ist $k = 1$, so bleibt die Figur unverändert.

Beispiele:

a) Streckzentrum S; Streckfaktor $k = 2$

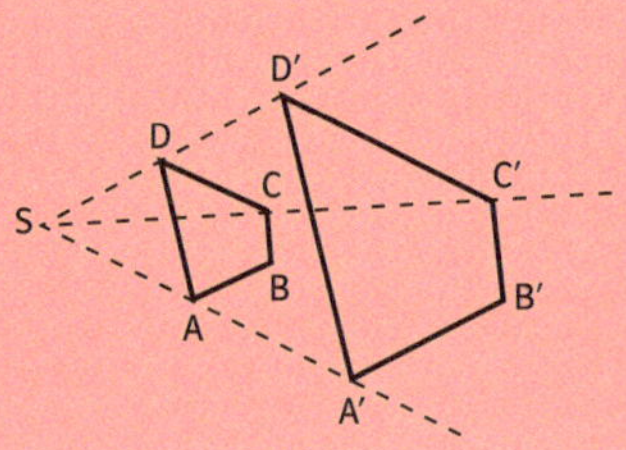

b) Streckzentrum S; Streckfaktor $k = \frac{2}{3}$

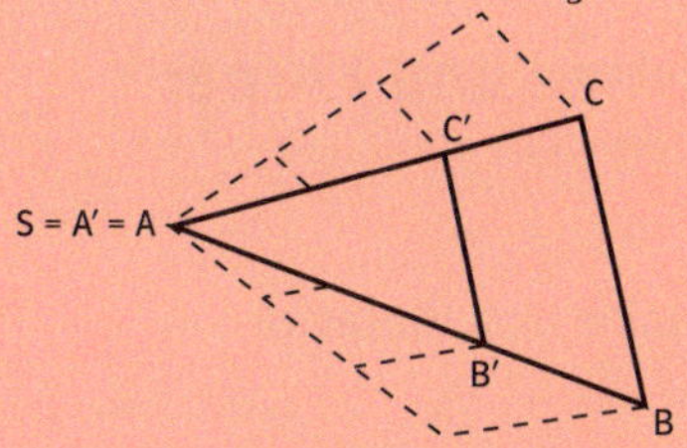

c) Streckzentrum S; Streckfaktor $k = -0{,}5$

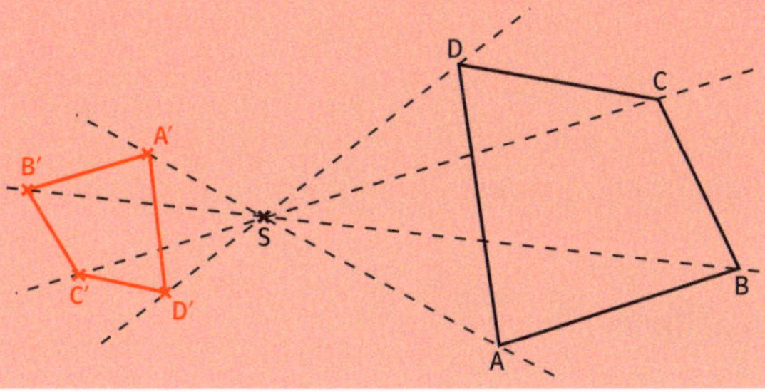

Eigenschaften der zentrischen Streckung

Eine Gerade g wird auf eine zu ihr parallelen Bildgerade g′ abgebildet, d.h. die Abbildung ist geradentreu.

Die Bildstrecke ist k-mal so lang wie die ursprüngliche Strecke (k: Streckfaktor).

Winkel und Bildwinkel sind gleich groß, d.h. die Abbildung ist winkeltreu.

Der Flächeninhalt A′ der Bildfigur ist das k^2-fache des Flächeninhaltes A der ursprünglichen Figur: $A' = k^2 \cdot A$.

Geometrie

11 Flächen und Körper

QUICK-FINDER

11.1 Vierecke und Vielecke

11.2 Kreis

11.3 Körper

11.1 Vierecke und Vielecke

Rechteck

Lern-Video
www.sofatutor.com/klett/94

Ein Rechteck ist ein Viereck mit vier rechten Winkeln.

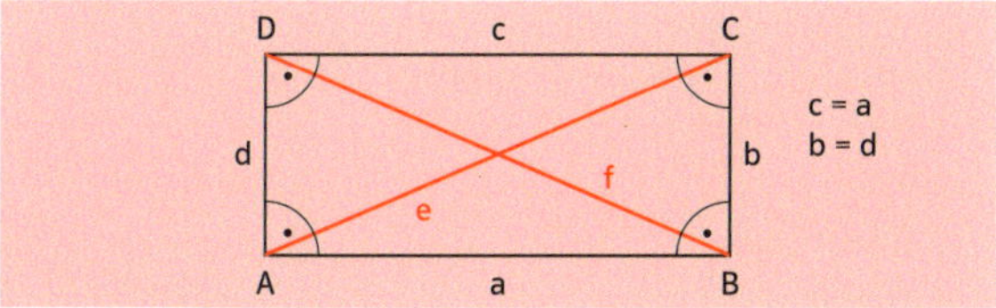

Eigenschaften
- Gegenüberliegende Seiten sind parallel und gleich lang.
- Die Diagonalen e und f halbieren sich.
- Flächeninhalt $A = a \cdot b$
- Umfang $u = 2a + 2b$

Quadrat

Sind bei einem Rechteck alle vier Seiten gleich lang, so erhält man ein Quadrat.
Die Diagonalen im Quadrat sind gleich lang und halbieren sich.

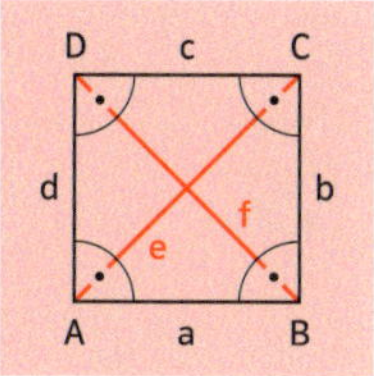

- Flächeninhalt $A = a^2$
- Umfang $u = 4a$
- $a = b = c = d$

Raute

Sind bei einem Viereck alle Seiten gleich lang, so nennt man es Raute. Ein Quadrat ist somit eine spezielle Raute.

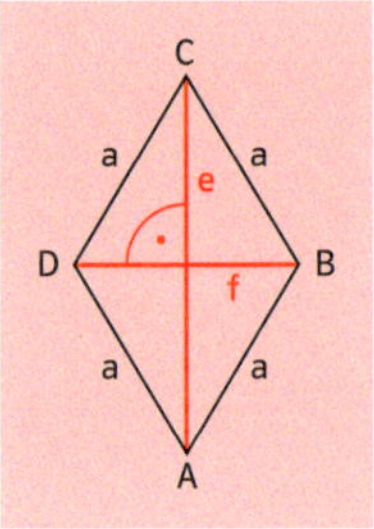

Eigenschaften

- Gegenüberliegende Winkel sind gleich groß.
- Die beiden Diagonalen halbieren sich und stehen senkrecht aufeinander.
- Flächeninhalt $A = \frac{1}{2} e \cdot f$
- Umfang $u = 4a$

Parallelogramm

Sind bei einem Viereck gegenüberliegende Seiten parallel, so nennt man es Parallelogramm. Rechtecke und Quadrate sind somit spezielle Parallelogramme.

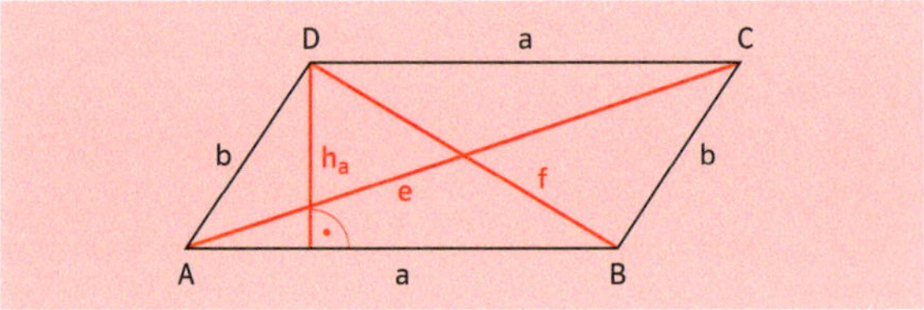

Eigenschaften

- Gegenüberliegende Seiten sind gleich lang.
- Gegenüberliegende Winkel sind gleich groß.
- Die Diagonalen halbieren sich.
- Flächeninhalt $A = a \cdot h_a = b \cdot h_b$
- Umfang $u = 2a + 2b$

Trapez

1. Sind bei einem Viereck mindestens zwei Seiten parallel, so nennt man es **Trapez**.
2. Sind zusätzlich zwei benachbarte Winkel rechtwinklig, so nennt man es **rechtwinkliges Trapez**.
3. Sind die beiden nicht parallelen Seiten gleich lang, so ist das Trapez gleichschenklig.

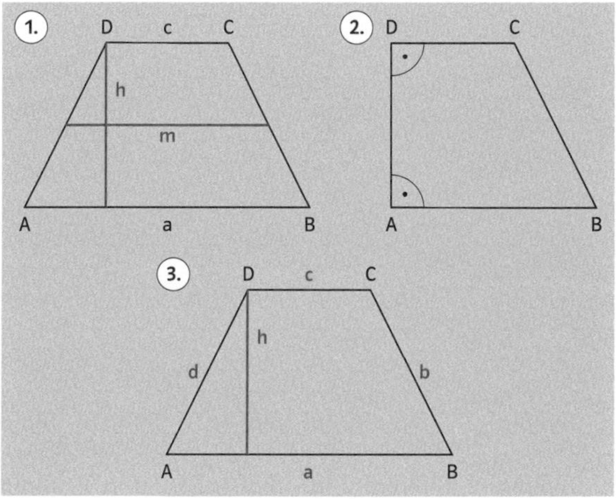

Flächeninhalt $A = \frac{1}{2}(a + c) \cdot h = m \cdot h$

Besonders wichtig: Regelmäßige Vielecke

Ein Vieleck, auch Polygon genannt, erhält man, indem man mindestens drei voneinander verschiedene Punkte in einer Zeichenebene durch Strecken miteinander verbindet. Der so entstandene Linienzug bildet eine zusammenhängende Fläche.

Ein n-Eck ist regelmäßig, wenn alle Seiten gleichlang und alle Innenwinkel gleich groß sind.

Eigenschaften

- Jedes regelmäßige n-Eck kann in zueinander kongruente Dreiecke zerlegt werden.
- Jedes regelmäßige n-Eck hat n Symmetrieachsen.
- Die Winkelsumme im n-Eck beträgt $(n-2)\cdot 180°$
- Jedes regelmäßige n-Eck hat einen Umkreis und einen Innkreis.

Regelmäßiges 3-Eck

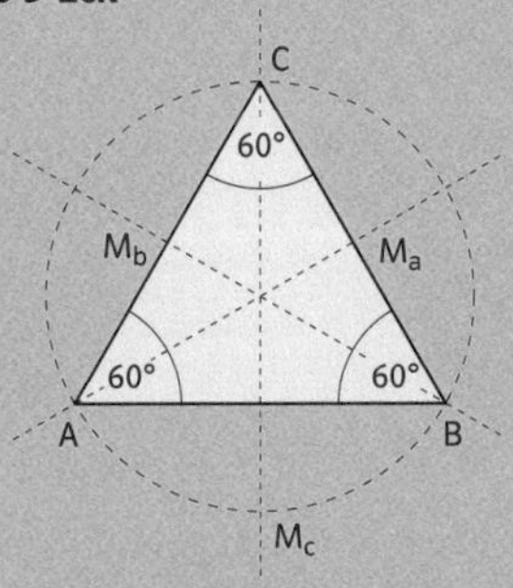

Anzahl der Verbindungsstrecken: 3

Anzahl der Diagonalen: 0

Seitenlänge: $r\cdot\sqrt{3}$, wobei r = Umkreisradius

Umfang: $r\cdot 3\sqrt{3}$

Flächeninhalt: $\frac{4}{3}r^2\cdot\sqrt{3}$

Regelmäßiges 4-Eck (Quadrat)

Anzahl der Verbindungsstrecken: 4
Anzahl der Diagonalen: 2
Seitenlänge: $r \cdot \sqrt{2}$,
wobei
r = Umkreisradius
Umfang: $r \cdot 4\sqrt{2}$
Flächeninhalt: $2r^2$

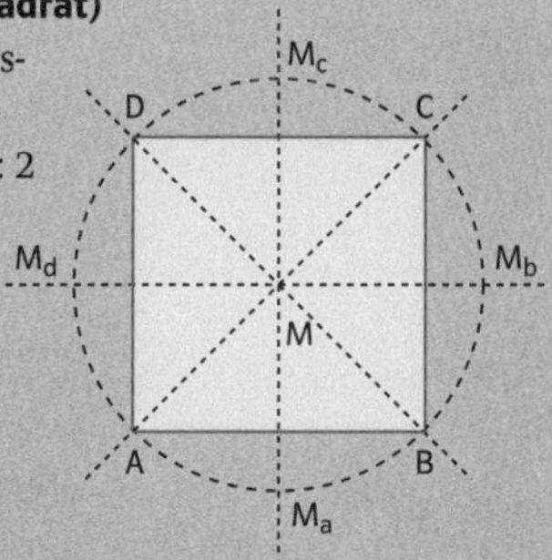

Regelmäßiges 5-Eck

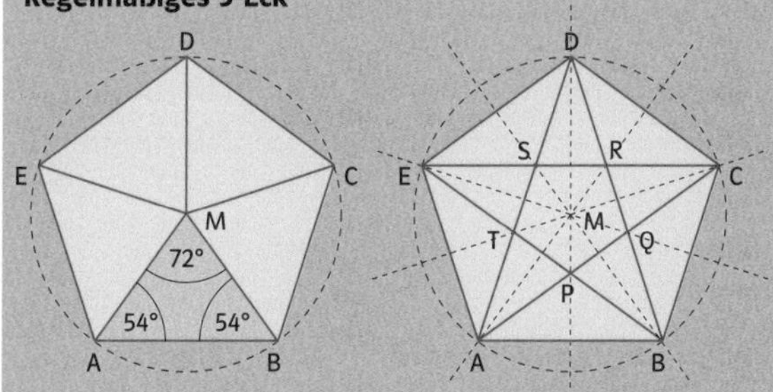

Anzahl der Verbindungsstrecken: 5
Anzahl der Diagonalen: 5
Seitenlänge: $\frac{1}{2} r \cdot \sqrt{10 - 2\sqrt{5}}$,
wobei r = Umkreisradius
Umfang: $\frac{5}{2} r \cdot \sqrt{10 - 2\sqrt{5}}$
Flächeninhalt: $\frac{5}{8} r^2 \cdot \sqrt{10 - 2\sqrt{5}}$

Regelmäßiges 6-Eck

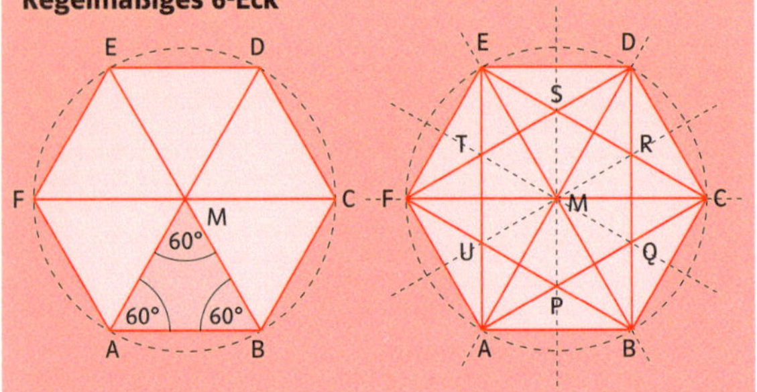

Anzahl der Verbindungsstrecken: 6
Anzahl der Diagonalen: 9
Seitenlänge: r, wobei r = Umkreisradius
Umfang: 6 r
Flächeninhalt: $\frac{3}{2}r^2 \cdot \sqrt{3}$

11.2 Kreis

Definition

Auf einem Kreis liegen alle Punkte, die von einem Punkt M dem gleichen Abstand r haben.
Der Punkt M wird **Mittelpunkt** des Kreises genannt.
Der Abstand r wird **Radius** des Kreises genannt.
Zeichnet man eine Strecke durch den Mittelpunkt des Kreises, so erhält man den **Durchmesser** d. Der Durchmesser ist doppelt so lang wie der Radius des Kreises.

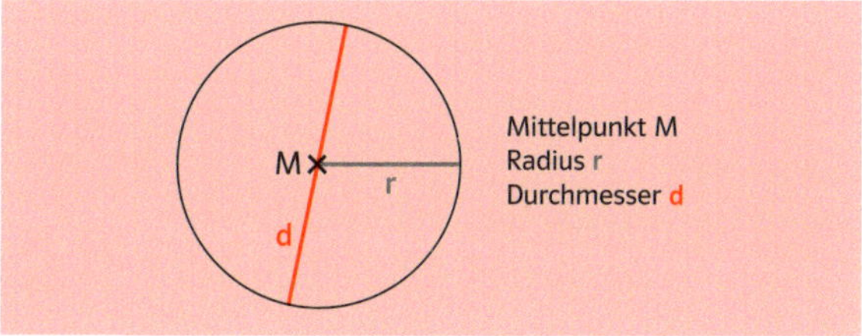

Umfang und Flächeninhalt

Für jeden Kreis mit dem Radius r gilt:
Umfang u: $u = 2\pi r = \pi d$
Flächeninhalt A: $A = \pi r^2$

In jedem Kreis gilt:
Der Quotient aus dem Flächeninhalt A und dem Quadrat des Radius r, also $\frac{A}{r^2}$ ist bei allen Kreisen gleich, nämlich π.
Es gilt: $\pi \approx 3{,}14$

Kreisausschnitt

Kreisausschnitt

Aus einem Kreis kann ein Kreisausschnitt geschnitten werden. Die Größe wird durch den Mittelpunktswinkel bestimmt.

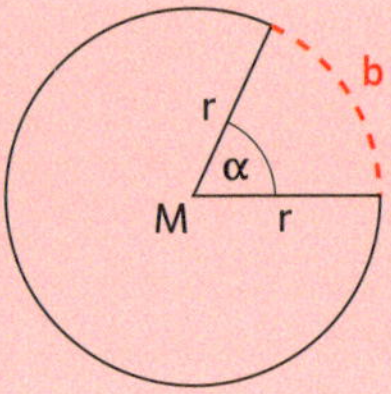

Mittelpunkt M
Radius r
Mittelpunktswinkel α
Kreisbogen b

Kreisbogen b

Für einen Kreisausschnitt mit dem Mittelpunktswinkel α gilt:

$$b = 2\pi r \cdot \frac{\alpha}{360^\circ}$$

Flächeninhalt A des Kreisausschnitts

Für einen Kreisausschnitt mit dem Mittelpunktswinkel α gilt:

$$A = \pi r^2 \cdot \frac{\alpha}{360^\circ} \quad \text{oder} \quad A = \frac{1}{2} br$$

11.3 Körper

Quader und Prismen

Quader

Er wird von sechs rechteckigen Flächen begrenzt, wobei immer sich gegenüberliegende Flächen gleich groß sind.
Ein Quader hat 12 nicht unbedingt gleich lange Kanten und 8 Ecken.

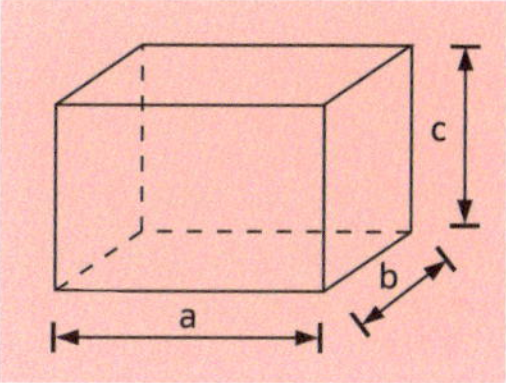

Volumen $V = a \cdot b \cdot c$
Oberfläche $O = 2(a \cdot b) + 2(a \cdot c) + 2(b \cdot c)$

Prismen

Ein Prisma ist ein geometrischer Körper, den man sich durch Verschieben eines Vielecks im Raum denken kann.

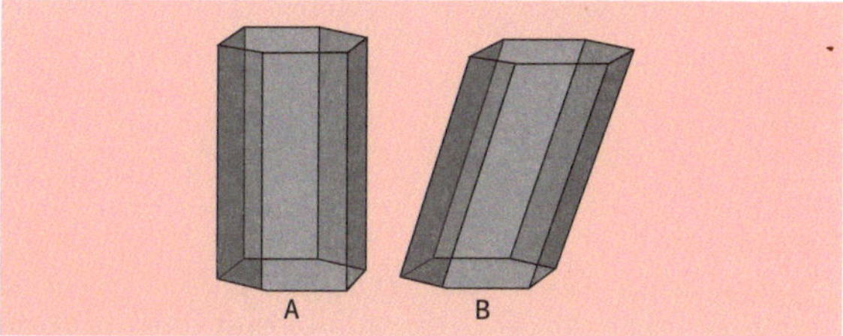

Unter der **Höhe** eines Prismas versteht man den Abstand der beiden Grundflächen.

Die **Oberfläche** eines Prismas besteht aus 2 kongruenten Vielecken als Grundflächen und mehreren Parallelogrammen als Seitenflächen.

Der **Mantel** eines Prismas wird aus den Seitenflächen des Prismas gebildet.
Volumen $V = G \cdot h$, wobei G die Grundfläche und h die Höhe des Prismas ist.

Zylinder

Zylinder entstehen durch Verschiebung eines Kreises im Raum. Verschiebt man senkrecht zum Kreis, so erhält man einen **geraden Zylinder**. Im anderen Fall ist es ein **schiefer Zylinder**.

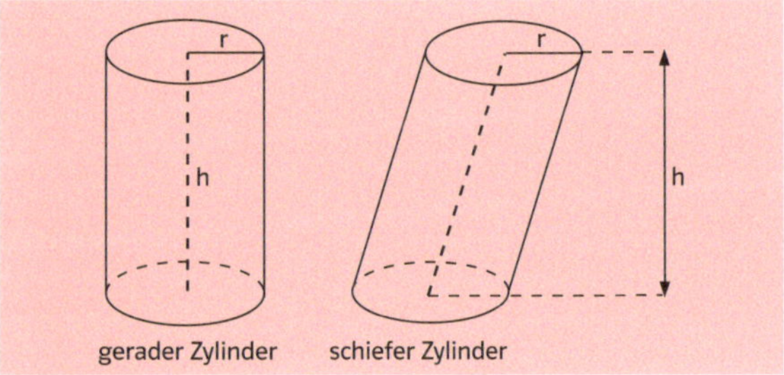

Volumen $V = \pi r^2 h$
Mantel $M = 2\pi r h$
Oberfläche $O = 2\pi r^2 + M = 2\pi r(r + h)$

Pyramiden

Eine Pyramide ist ein geometrischer Körper, bei dem jede Ecke eines Vielecks mit einem Punkt S außerhalb der Vielecksebene verbunden ist.

Ist das Vieleck ein regelmäßiges n-Eck und liegt die Spitze S senkrecht über dem Mittelpunkt des n-Ecks, so nennt man die Pyramide eine **regelmäßige n-seitige Pyramide**.

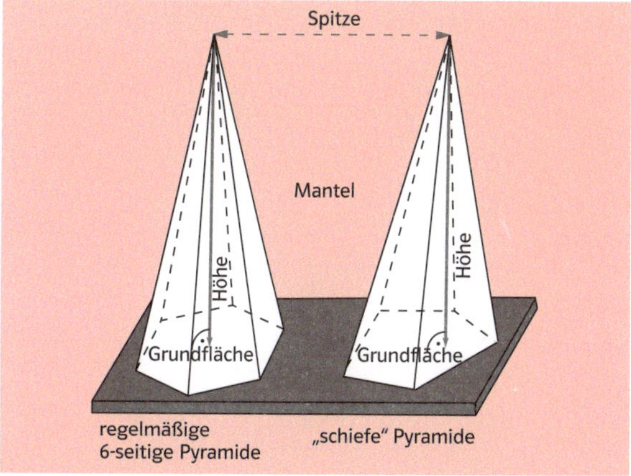

Volumen $V = \frac{1}{3}Gh$, wobei G die Grundfläche und h die Höhe der Pyramide ist.

Regelmäßige vierseitige Pyramiden

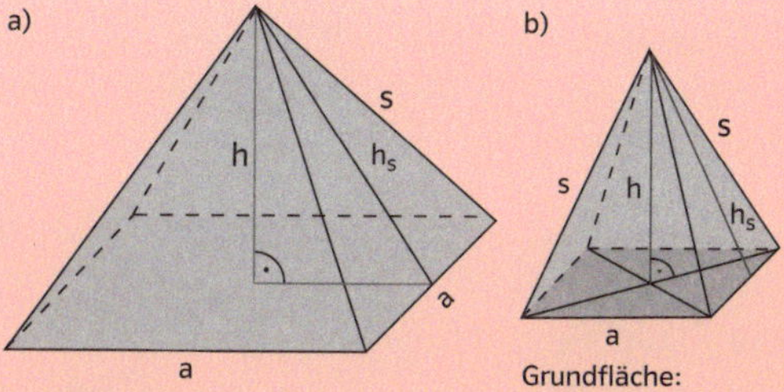

a) Grundfläche:
Quadrat mit der Seitenlänge a und der Seitenkante s = a
Mantel:
4 gleichseitige Dreiecke

b) Grundfläche:
Quadrat mit der Seitenlänge a und der Seitenkante s ≠ a
Mantel:
4 gleichschenklige Dreiecke

Regelmäßige dreiseitige Pyramide: Tetraeder

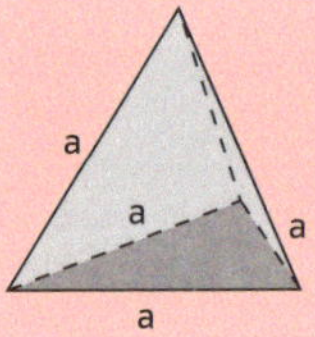

Alle Kanten sind gleich lang.
Grundfläche:
gleichseitiges Dreieck mit der Seitenlänge a
Mantel:
3 gleichseitige Dreiecke mit der Seitenlänge a

Regelmäßige sechseitige Pyramide

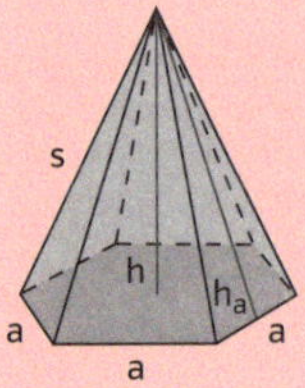

Grundfläche:
regelmäßiges Sechseck
Mantel:
6 gleichschenklige Dreiecke

Kegel

Ein Kegel ist ein geometrischer Körper, bei dem alle Punkte eines Kreises mit einem Punkt S außerhalb der Kreisebene verbunden sind.

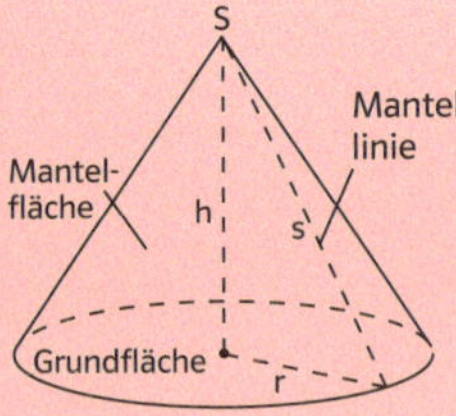

Gerader Kreiskegel

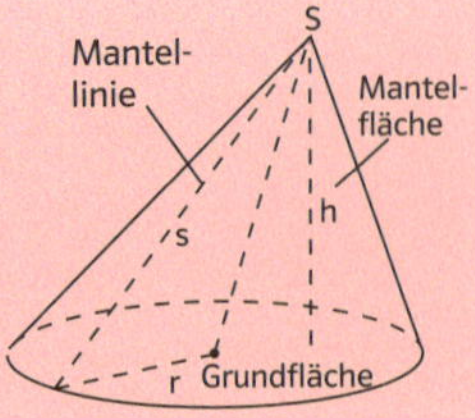

Schiefer Kreiskegel

Die Mantellinie s ist die Verbindungslinie zwischen einem Punkt auf dem Kreis und der Spitze S. Sind die Mantellinien gleich lang, so ist es ein **gerader Kegel**.
Volumen $V = \frac{1}{3} \cdot \pi r^2 h$
Mantel $M = \pi rs$, wobei s die Mantellinie ist.
Oberfläche $O = \pi r^2 + M = \pi r (r + s)$

Hinweis:
Schneidet man die Mantelfläche eines geraden Kegels auf, so erhält man einen Kreisausschnitt:

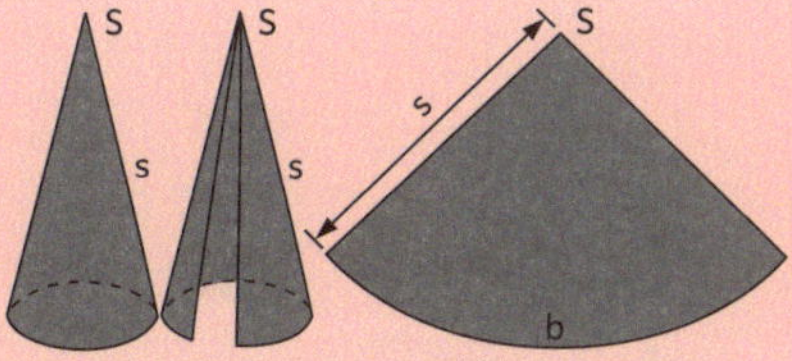

Der Radius des Kreisausschnittes ist die Mantellinie des Kegels. Für den Kreisbogen b gilt: $b = 2\pi r$;
für die Mantelfläche gilt: $M = \frac{1}{2} bs = \pi rs$.

11

Kugel

Eine Kugel ist ein geometrischer Körper, bei der alle Punkte auf der Kugeloberfläche vom Mittelpunkt M gleichweit entfernt sind.
Volumen $V = \frac{4}{3} \cdot \pi r^3$
Oberfläche $O = 4 \cdot \pi r^2$

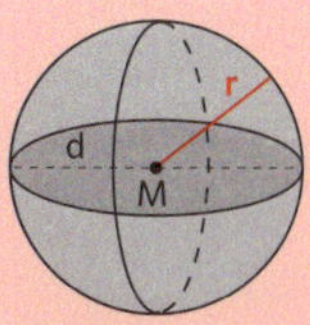

Radius der Kugel r
Durchmesser d
Mittelpunkt M

Hinweis:
Die Oberfläche einer Kugel kann nicht wie beim Zylinder oder dem Kegel als Fläche dargestellt werden.

Geometrie

12 Dreiecke

QUICK-FINDER

12.1 Dreiecke

Definition

Ein Dreieck ist definiert durch 3 Punkte, die nicht auf einer Geraden liegen, und den Verbindungsstrecken zwischen den 3 Punkten.

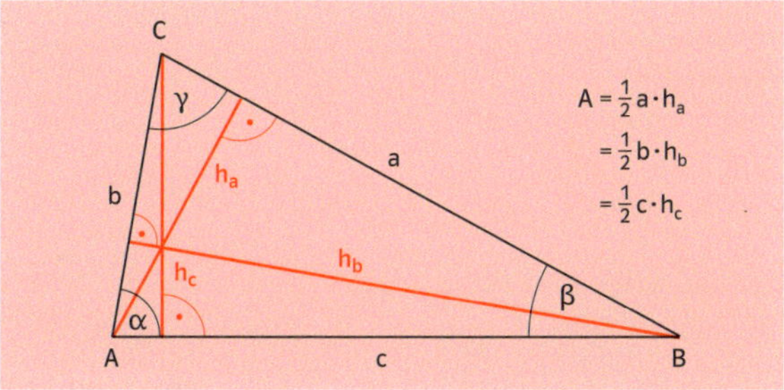

Flächeninhalt $A = \frac{1}{2} g \cdot h_g$, wobei g eine Seite des Dreiecks (Grundseite) und h_g die zugehörige Höhe ist.

Beachte: die Höhe kann auch außerhalb des Dreiecks oder auf einer Dreieckseite liegen.

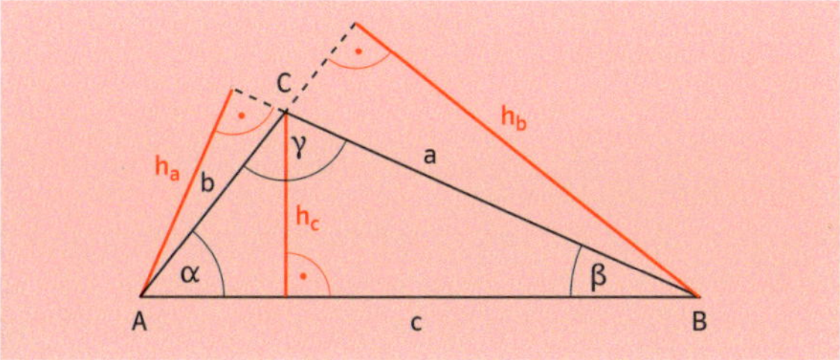

Besondere Dreiecke

Spitzwinklige Dreiecke

Jeder Innenwinkel ist kleiner als 90°.

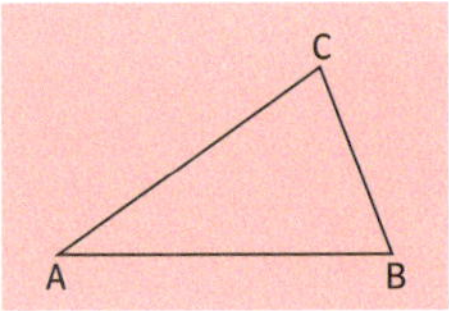

Stumpfwinklige Dreiecke

Ein Innenwinkel ist größer als 90°.

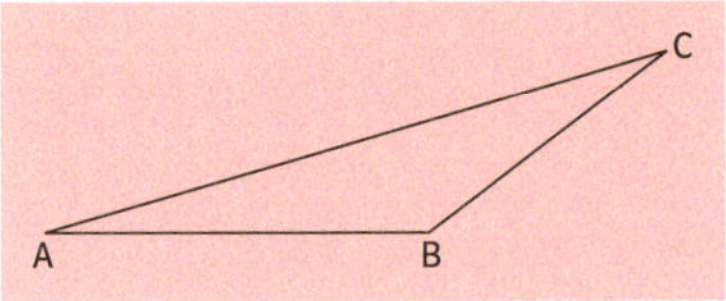

Rechtwinklige Dreiecke

Ein Innenwinkel ist 90°.

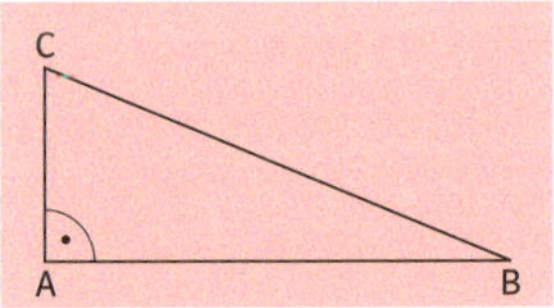

Für die **Winkelsumme** im Dreieck gilt:
Im Dreieck beträgt die Summe aller innenliegenden Winkel 180°.
$\alpha + \beta + \gamma = 180°$

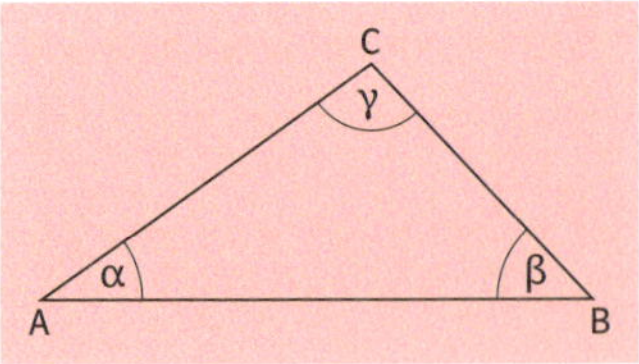

Gleichschenklige Dreiecke

Sind bei einem Dreieck mindestens zwei Seiten gleich lang, so nennt man es gleichschenkliges Dreieck.
Die beiden gleich langen Seiten heißen **Schenkel** des Dreiecks.
Die andere Seite heißt **Basis**.

Die beiden Winkel, die an der Basis anliegen, nennt man **Basiswinkel**.

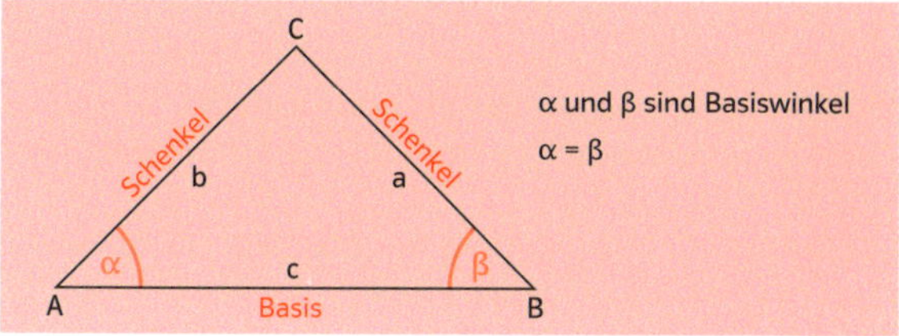

Es gilt:
Die Basiswinkel sind gleich groß.
Ein gleichschenkliges Dreieck ist symmetrisch zur Geraden durch C und M (M: Mitte der Strecke $\overline{AB}$).

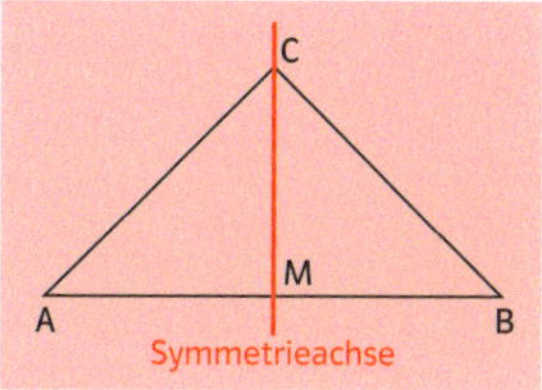

Gleichseitige Dreiecke
Sind bei einem Dreieck alle Seiten gleich lang, so nennt man das Dreieck gleichseitig.

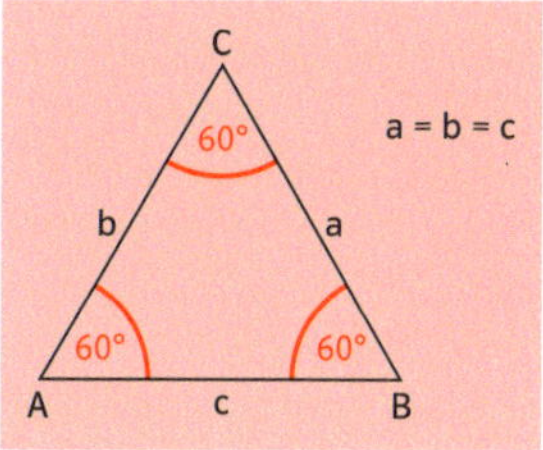

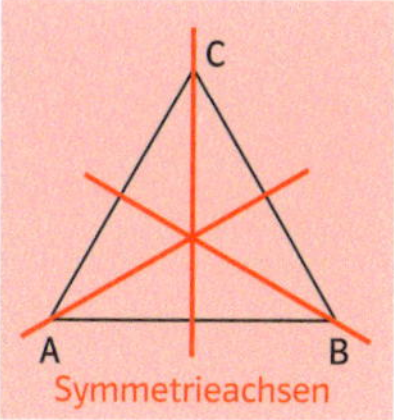

Es gilt:
In einem gleichseitigen Dreieck sind die Innenwinkel gleich groß und betragen 60°.
Ein gleichschenkliges Dreieck hat 3 Symmetrieachsen.

Hinweis: Jedes gleichseitige Dreieck ist auch gleichschenklig. Jedoch nicht jedes gleichschenklige Dreieck ist auch gleichseitig.

Zusammenhänge im beliebigen Dreieck

Zur längeren Seite gehört immer der größere Gegenwinkel.
Umkehrung: Zum größeren Winkel gehört immer die längere gegenüberliegende Seite.

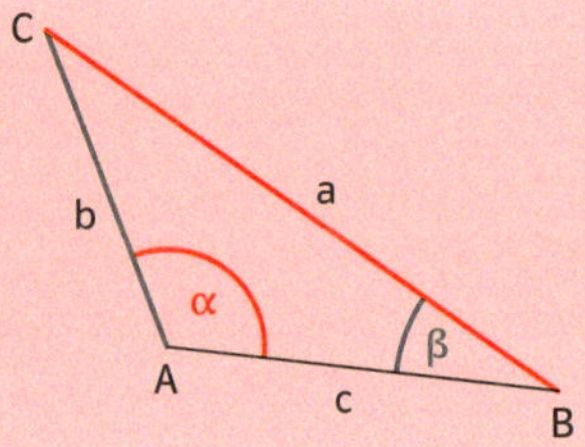

Ist $a > b$, so ist $\alpha > \beta$.

Ist $\alpha < \beta$, so ist $a < b$.

Bei einem Dreieck ist die Summe zweier Seiten immer größer als die dritte Seite.
$a + b > c$; $b + c > a$; $a + c > b$
Diese 3 Ungleichungen nennt man **Dreiecksungleichungen**.
Sind diese nicht erfüllt, so kann das Dreieck nicht konstruiert werden.

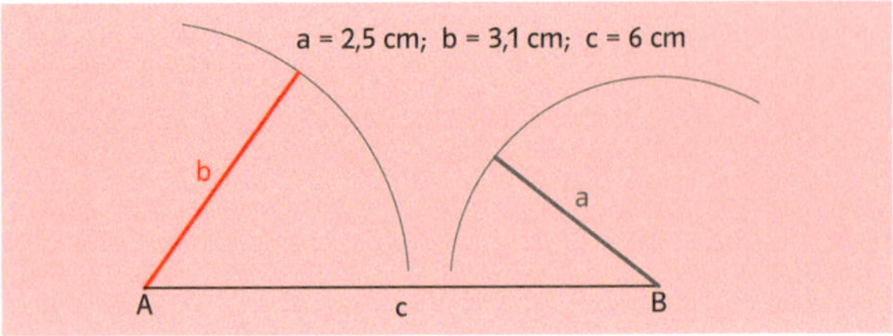

Mittelsenkrechte

Unter der Mittelsenkrechten versteht man eine Gerade, die eine Strecke halbiert und senkrecht auf dieser Strecke steht.

Alle Punkte auf der Mittelsenkrechten m haben zu den Eckpunkten der halbierten Strecke den gleichen Abstand.
Alle Mittelsenkrechten im Dreieck schneiden sich in einem Punkt, dem **Umkreismittelpunkt U.**

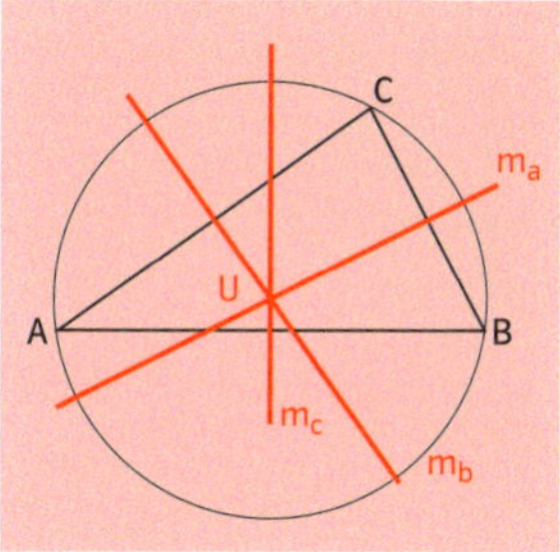

Höhenschnittpunkt

Die Höhe eines Dreiecks ist die Strecke zwischen einem Eckpunkt und der gegenüberliegenden Seite, sodass die Höhe und die Seite einen rechten Winkel bilden.
Alle Höhen im Dreieck schneiden sich in einem Punkt, dem **Höhenschnittpunkt H**. Dieser kann auch außerhalb des Dreiecks liegen.

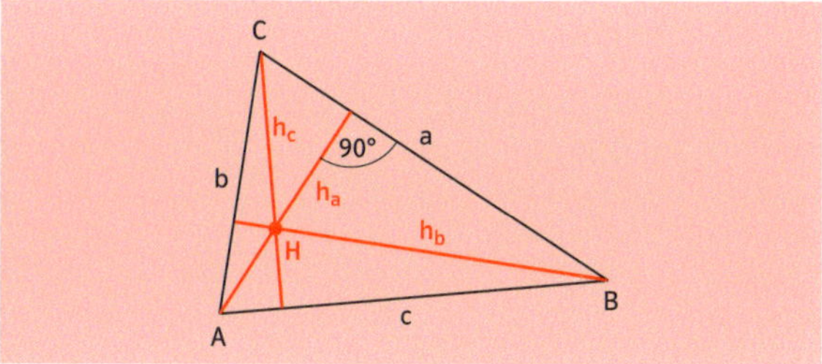

Seitenhalbierende und Schwerpunkt

Lern-Video
www.sofatutor.com/klett/95

Die Seitenhalbierende ist die Strecke zwischen dem Mittelpunkt einer Strecke des Dreiecks und dem gegenüberliegenden Eckpunkt.
Alle Seitenhalbierenden im Dreieck schneiden sich in einem Punkt, dem **Schwerpunkt S**. Dieser teilt vom Eckpunkt aus die Seitenhalbierenden im Verhältnis 2 : 1.

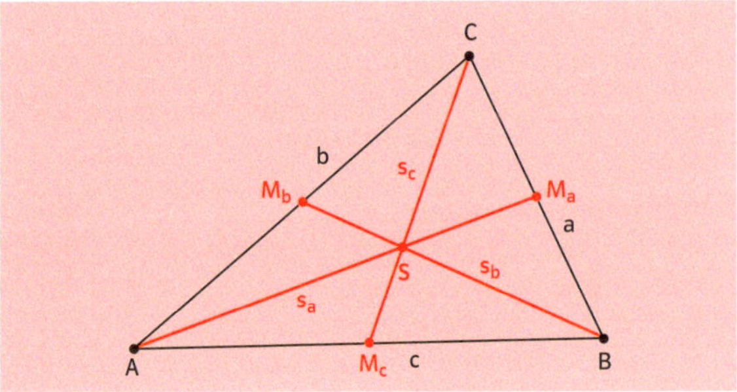

Winkelhalbierende

Die Winkelhalbierende ist eine Gerade, die die Innenwinkel im Dreieck halbiert. Alle Punkte auf der Winkelhalbierenden haben von den beiden Schenkeln des Winkels den gleichen Abstand.

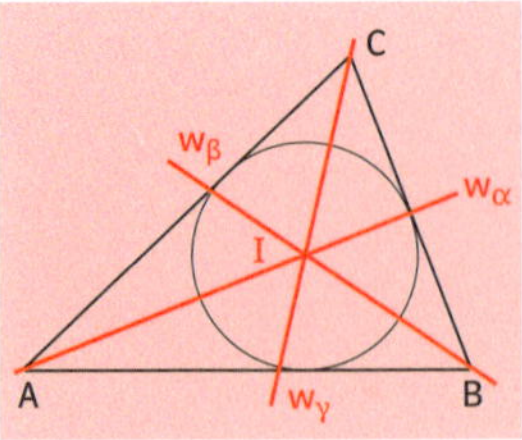

Alle Winkelhalbierenden schneiden sich in einem Punkt, dem **Inkreismittelpunkt I**.

12.2 Sätze am Dreieck

Kongruenzsätze

Kongruenzsatz sss

Sind bei zwei Dreiecken alle drei entsprechenden Seiten gleich lang, so sind die beiden Dreiecke kongruent. Die entsprechenden Winkel sind gleich groß.

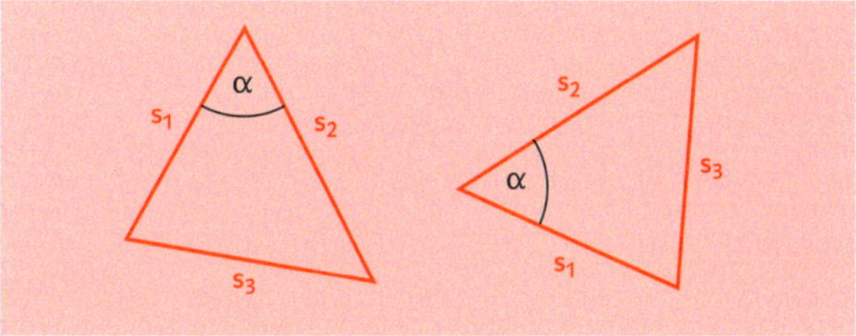

Kongruenzsatz sws

Sind bei zwei Dreiecken zwei entsprechende Seiten gleich lang und ist der eingeschlossene Winkel gleich groß, dann sind die beiden Dreiecke kongruent.

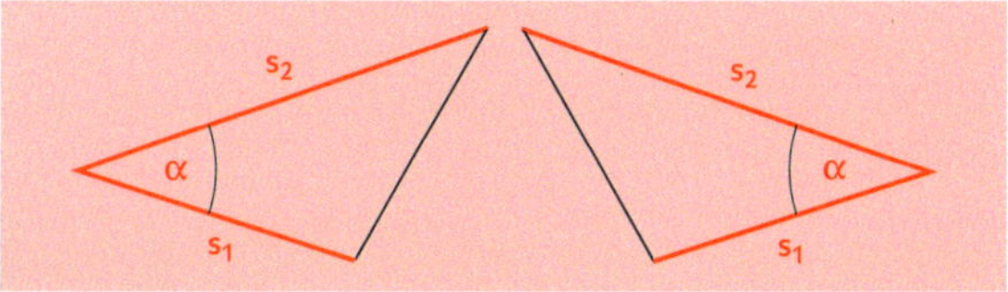

Kongruenzsatz Ssw

Sind bei zwei Dreiecken zwei entsprechende Seiten gleich lang und ist der Winkel, welcher der größeren Seite gegenüberliegt, gleich groß, dann sind die beiden Dreiecke kongruent.

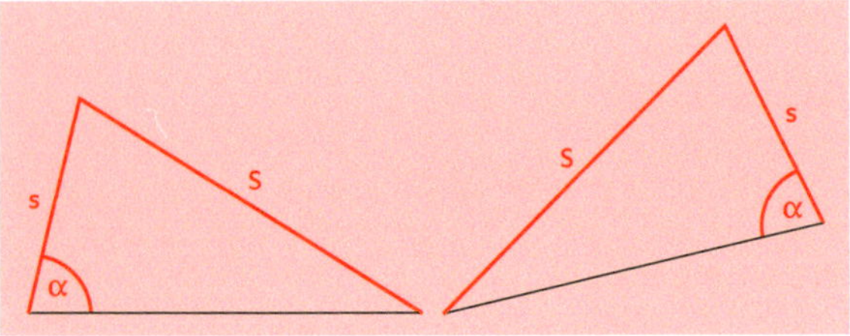

Kongruenzsatz wsw

Ist bei einem Dreieck eine entsprechende Seite gleich lang und sind die beiden entsprechenden anliegenden Winkel gleich groß, dann sind die Dreiecke kongruent.

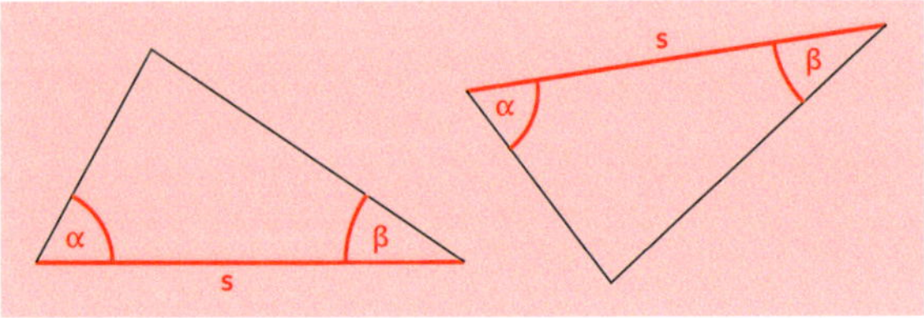

Ähnlichkeitssätze

Stimmen zwei Dreiecke **paarweise in zwei Winkeln** überein, so sind sie ähnlich.

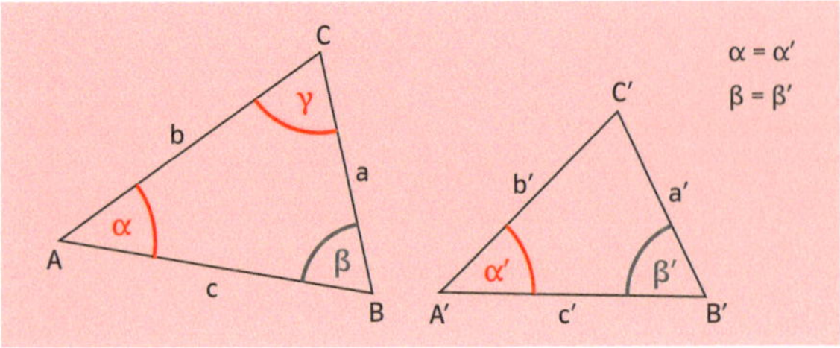

Stimmen zwei Dreiecke **paarweise in den Längenverhältnissen aller drei Seiten** überein, so sind sie ähnlich.

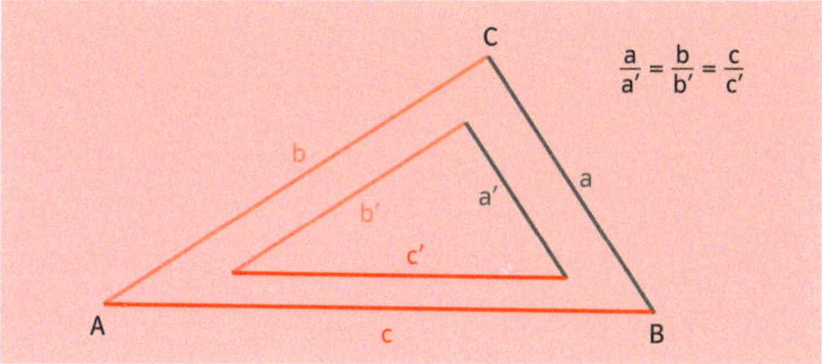

Stimmen zwei Dreiecke **paarweise im Längenverhältnis zweier Seiten und in der Größe des eingeschlossenen Winkels** überein, so sind sie ähnlich.

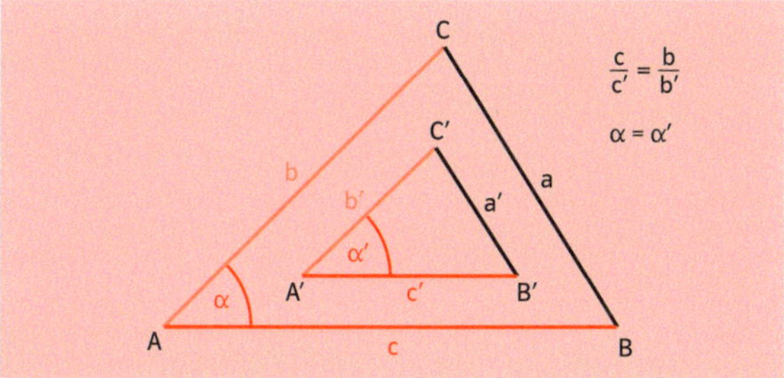

Stimmen zwei Dreiecke **paarweise im Längenverhältnis zweier Seiten und in der Größe des Winkels, der der größeren Seite gegenüberliegt**, überein, so sind sie ähnlich.

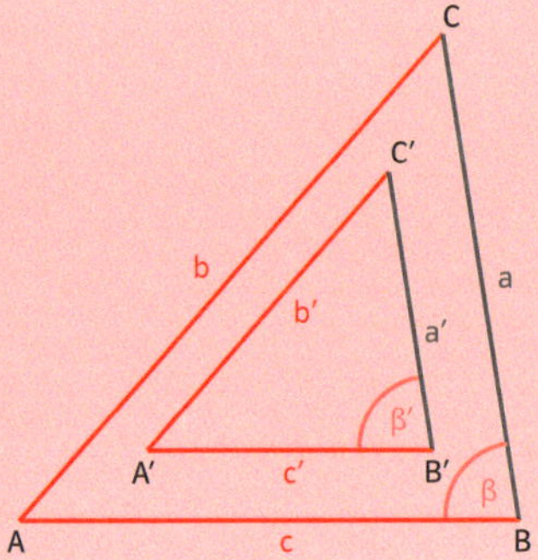

$\frac{a}{a'} = \frac{b}{b'}$

$\beta = \beta'$

12.3 Rechtwinklige Dreiecke

Besonders wichtig: Satz des Pythagoras

In einem rechtwinkligen Dreieck nennt man die Seite, die dem rechten Winkel gegenüberliegt, **Hypotenuse.**
Die beiden anderen Seiten des Dreiecks nennt man **Katheten.**

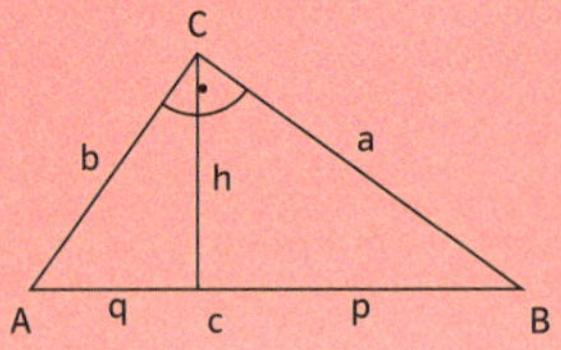

Hypotenuse: c
Katheten: a, b
Höhe: h
Hypotenusenabschnitte: p, q

Satz des Pythagoras
In einem rechtwinkligen Dreieck ist die Summe der Flächeninhalte der Quadrate über den Katheten gleich dem Flächeninhalt des Quadrates über der Hypotenuse.

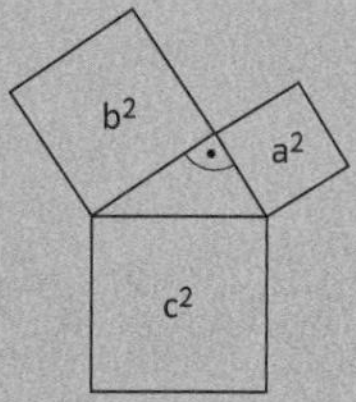

$a^2 + b^2 = c^2$

Umkehrung des Satzes des Pythagoras
Gilt in einem Dreieck die Beziehung $a^2 + b^2 = c^2$, so ist das Dreieck rechtwinklig.

Höhensatz

In einem rechtwinkligen Dreieck ist der Flächeninhalt des Quadrats über der Höhe gleich dem Flächeninhalt des Rechtecks aus den beiden Hypotenusenabschnitten.

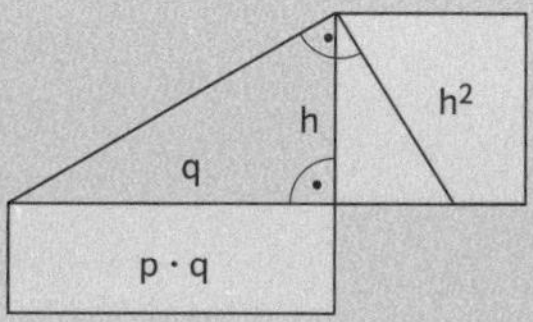

$h^2 = p \cdot q$

Kathetensatz

In einem rechtwinkligen Dreieck ist der Flächeninhalt des Quadrates über der Kathete gleich dem Flächeninhalt des Rechteckes aus der Hypotenuse und dem anliegenden Hypotenusenabschnitt.

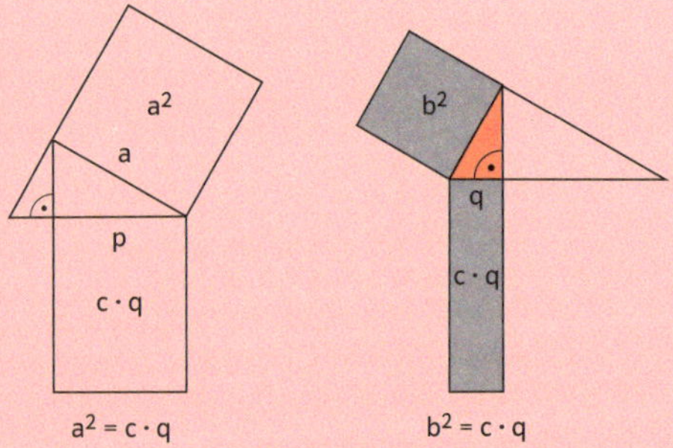

Beispiele:

a)

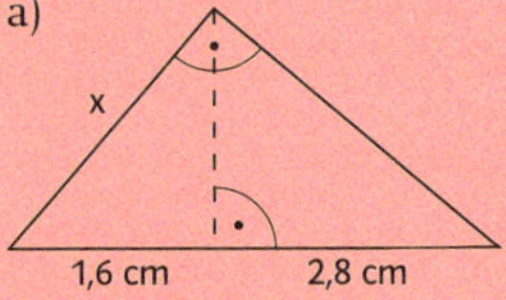

$q = 1{,}6\,\text{cm}$; $p = 2{,}8\,\text{cm}$
$c = p + q = 4{,}4\,\text{cm}$
Mit dem Kathetensatz folgt:
$x^2 = c \cdot q = 7{,}04\,\text{cm}^2$, also
$x = 2{,}65\,\text{cm}$

b)

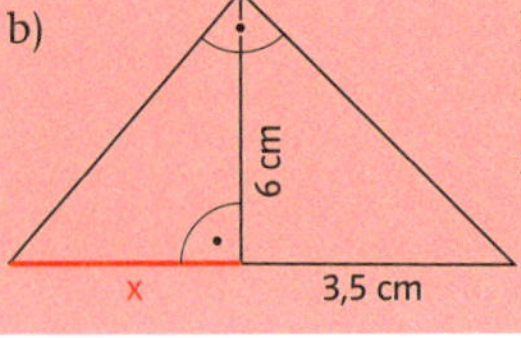

$h = 6\,\text{cm}$; $p = 3{,}5\,\text{cm}$
Mit dem Höhensatz folgt:
$x = \frac{h^2}{p} = 10{,}29\,\text{cm}$

Satz des Thales

Lern-Video
www.sofatutor.com/klett/96

Ein Dreieck ABC, dessen Grundseite AB der Durchmesser eines Halbkreises ist und dessen Spitze C auf der Kreislinie liegt, ist ein rechtwinkliges Dreieck.

Andere Formulierung:
Ein Winkel, dessen Scheitel auf einer Kreislinie liegt und dessen Schenkel durch die Endpunkte des Durchmessers des Halbkreises verlaufen, ist ein rechter Winkel.

Umkehrung:
Ist ein Dreieck ABC rechtwinklig, so liegt die Spitze C auf dem Halbkreis über seinem Durchmesser AB.

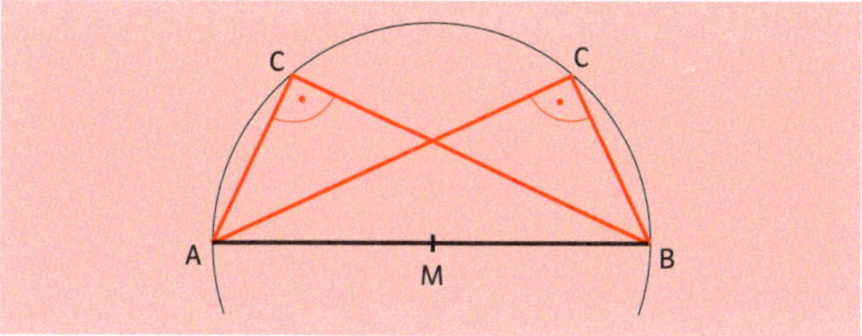

Geometrie

13 Analytische Geometrie

QUICK-FINDER

13.1 Darstellung in Ebene und Raum

Punkte in der Ebene

Punkte in der Ebene werden mit Hilfe eines ebenen **kartesischen Koordinatensystems** dargestellt. Es besteht aus zwei zueinander senkrechten Achsen, der x-Achse in waagerechter Richtung und der y-Achse in senkrechter Richtung. In ihm werden Punkte in der Ebene durch die beiden Koordinaten, die x- und die y-Koordinate, beschrieben: $P(x|y)$.

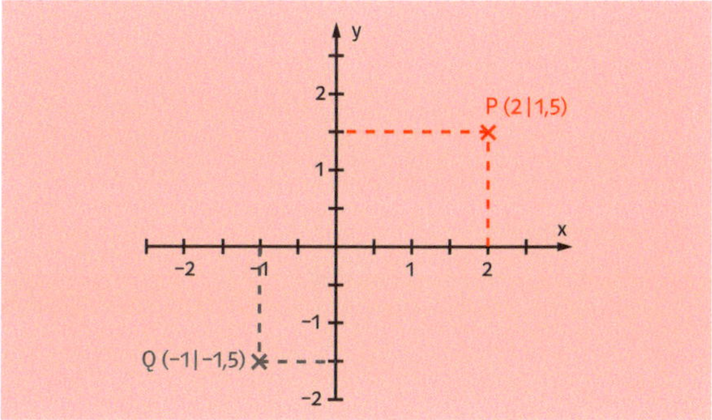

Punkte im Raum

Erweitert man das ebene kartesische Koordinatensystem durch eine **zusätzliche Achse** x_3, wobei alle drei Achsen paarweise senkrecht zueinander stehen, so erhält man ein räumliches kartesisches Koordinatensystem.
In ihm werden Punkte durch drei Koordinaten, die x_1-, die x_2- und die x_3-Koordinate, beschrieben: $P(x_1|x_2|x_3)$.

Hinweis: Die x_2-Achse entspricht in der Ebene der x-Achse und die x_3-Achse der y-Achse.

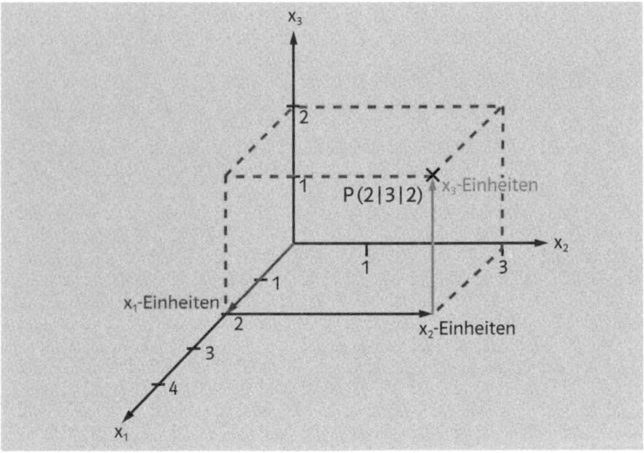

13.2 Vektoren

Besonders wichtig: Grundlagen

Lern-Video
www.sofatutor.com/klett/97

Eine Verschiebung, die einen Punkt P auf einen Punkt Q abbildet, wird durch einen **Vektor** dargestellt.

Verschiebt ein Vektor v einen Punkt P um
v_1 Einheiten in Richtung der x_1-Achse,
v_2 Einheiten in Richtung der x_2-Achse,
v_3 Einheiten in Richtung der x_3-Achse,
so schreibt man $\vec{v} = \begin{pmatrix} v_1 \\ v_2 \\ v_3 \end{pmatrix}$.
v_1, v_2, v_3 nennt man die **Koordinaten des Vektors $\vec{v}$.**

Ein Vektor ist durch seinen **Länge** und **Richtung** gekennzeichnet.

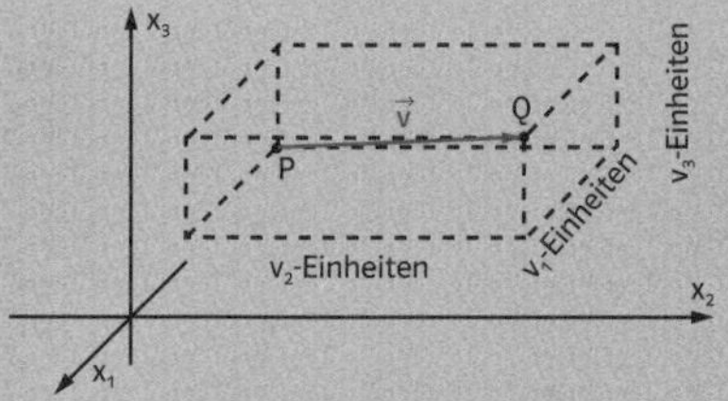

Bildet der Vektor $\vec{v}$ den Punkt $P(p_1|p_2|p_3)$ auf den Punkt $Q(q_1|q_2|q_3)$ ab, so berechnet man $\vec{v}$ wie folgt:

$$\vec{v} = \overrightarrow{PQ} = \begin{pmatrix} q_1 \\ q_2 \\ q_3 \end{pmatrix} - \begin{pmatrix} p_1 \\ p_2 \\ p_3 \end{pmatrix} = \begin{pmatrix} q_1 - p_1 \\ q_2 - p_2 \\ q_3 - p_3 \end{pmatrix}$$

Zu jedem Punkt $P(p_1|p_2|p_3)$ gibt es einen Vektor $\overrightarrow{OP}$, der den Ursprung O auf diesen Punkt P abbildet. Man nennt ihn den **Ortsvektor**.

Der Vektor $\vec{o} = \begin{pmatrix} 0 \\ 0 \\ 0 \end{pmatrix}$ heißt **Nullvektor**.

Vervielfachen eines Vektors

Multipliziert man einen Vektor mit einer positiven Zahl, so wird der ursprüngliche Vektor verlängert oder verkürzt. Seine Richtung behält er bei.
Multipliziert man einen Vektor mit einer negativen Zahl, so wird der ursprüngliche Vektor verlängert oder verkürzt und seine Richtung umgekehrt.

Multiplikation mit	
einer positiven Zahl	einer negativen Zahl
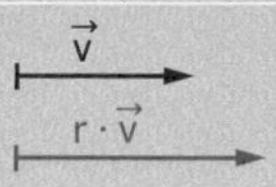	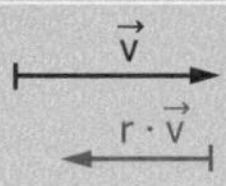

Für einen Vektor und eine Zahl $r \in \mathbb{R}$ gilt:

$$r \cdot \vec{v} = \begin{pmatrix} v_1 \\ v_2 \\ v_3 \end{pmatrix} = \begin{pmatrix} r \cdot v_1 \\ r \cdot v_2 \\ r \cdot v_3 \end{pmatrix}$$

Gegenvektor

Multipliziert man einen Vektor $\vec{v}$ mit -1 so erhält man seinen Gegenvektor:

$$-\vec{v} = \begin{pmatrix} -v_1 \\ -v_2 \\ -v_3 \end{pmatrix}$$

Die Pfeile eines Vektors und seines Gegenvektors haben die gleiche Länge, aber die entgegengesetzte Richtung.

Betrag eines Vektors

Darunter versteht man die Länge des zum Vektor $\vec{v}$ gehörenden Pfeils.

Man schreibt kurz für den Betrag: $|\vec{v}|$

Es gilt:

$$|\vec{v}| = \sqrt{v_1^2 + v_2^2 + v_3^2}$$

Rechengesetze für Vektoren

Addieren und Subtrahieren von Vektoren

Zwei Vektoren $\vec{a}$ und $\vec{b}$ werden addiert, indem man die einzelnen Koordinaten miteinander addiert.

$$\vec{c} = \vec{a} + \vec{b} = \begin{pmatrix} a_1 \\ a_2 \\ a_3 \end{pmatrix} + \begin{pmatrix} b_1 \\ b_2 \\ b_3 \end{pmatrix} = \begin{pmatrix} a_1 + b_1 \\ a_2 + b_2 \\ a_3 + b_3 \end{pmatrix}$$

Zeichnerisch:

Zwei Vektoren werden addiert, indem man das Ende des einen Vektors an die Spitze des anderen Vektors setzt.

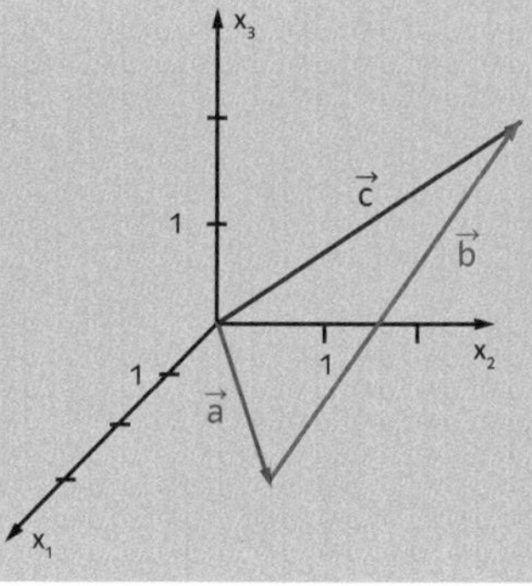

$$\vec{a} = \begin{pmatrix} 1 \\ 1 \\ -1 \end{pmatrix}$$

$$\vec{b} = \begin{pmatrix} -2 \\ 1{,}5 \\ 2{,}5 \end{pmatrix}$$

$$\vec{c} = \begin{pmatrix} 1 \\ 1 \\ -1 \end{pmatrix} + \begin{pmatrix} -2 \\ 1{,}5 \\ 2{,}5 \end{pmatrix} = \begin{pmatrix} -1 \\ 2{,}5 \\ 1{,}5 \end{pmatrix}$$

Zwei Vektoren $\vec{a}$ und $\vec{b}$ werden subtrahiert, indem man die einzelnen Koordinaten voneinander subtrahiert.

$$\vec{c} = \vec{a} - \vec{b} = \begin{pmatrix} a_1 \\ a_2 \\ a_3 \end{pmatrix} - \begin{pmatrix} b_1 \\ b_2 \\ b_3 \end{pmatrix} = \begin{pmatrix} a_1 - b_1 \\ a_2 - b_2 \\ a_3 - b_3 \end{pmatrix}$$

Zeichnerisch:
Zwei Vektoren werden subtrahiert, indem man den Gegenvektor $-\vec{b}$ addiert.

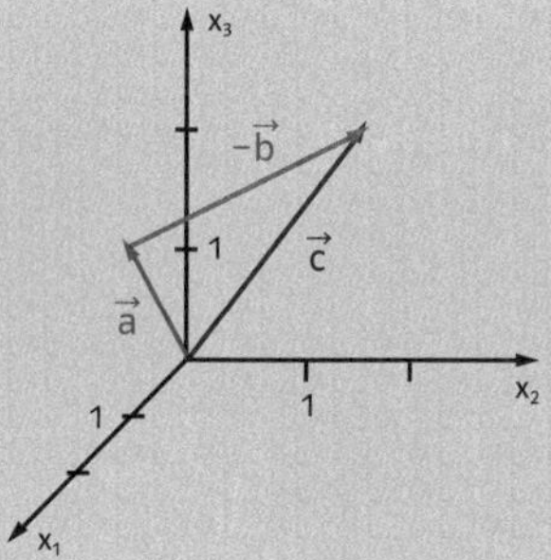

$$\vec{a} = \begin{pmatrix} 2 \\ 0{,}5 \\ 2 \end{pmatrix}$$

$$\vec{b} = \begin{pmatrix} -2 \\ -3 \\ -2 \end{pmatrix}$$

$$\vec{c} = \begin{pmatrix} 2 \\ 0{,}5 \\ 2 \end{pmatrix} + \begin{pmatrix} 2 \\ 3 \\ 2 \end{pmatrix} = \begin{pmatrix} 4 \\ 3{,}5 \\ 4 \end{pmatrix}$$

Rechengesetze

Für beliebige Vektoren $\vec{a}$, $\vec{b}$, $\vec{c}$ gilt:

Assoziativgesetz: $(\vec{a} + \vec{b}) + \vec{c} = \vec{a} + (\vec{b} + \vec{c})$

Kommutativgesetz: $\vec{a} + \vec{b} = \vec{b} + \vec{a}$

Für beliebige Vektoren $\vec{a}$, $\vec{b}$ und reelle Zahlen r, s gilt:

$r \cdot (s \cdot \vec{a}) = (rs) \cdot \vec{a}$

$r \cdot (-\vec{a}) = (-r) \cdot a = -(r \cdot \vec{a})$

$(r + s) \cdot \vec{a} = r \cdot \vec{a} + s \cdot \vec{a}$

$r \cdot (\vec{a} + \vec{b}) = r \cdot \vec{a} + r \cdot \vec{b}$

Lineare Abhängigkeit

Linearkombination

Gegeben sind drei Vektoren $\vec{a}$, $\vec{b}$ und $\vec{c}$. Kann man den Vektor $\vec{c}$ durch $r \cdot \vec{a} + s \cdot \vec{b} = \vec{c}$ ($r, s \in \mathbb{R}$) darstellen, so nennt man $\vec{c}$ eine Linearkombination der Vektoren $\vec{a}$ und $\vec{b}$.

Lineare Abhängigkeit und Unabhängigkeit

Vektoren heißen linear abhängig, wenn man mindestens einen dieser Vektoren als Linearkombination der anderen Vektoren darstellen kann.
Ansonsten heißen die Vektoren **linear unabhängig**.

Für Vektoren einer Ebene gilt:
Höchstens zwei Vektoren einer Ebene sind linear unabhängig.
Jeder Vektor einer Ebene kann als Linearkombination zweier linear unabhängiger Vektoren dieser Ebene dargestellt werden.

Für Vektoren des Raumes gilt:
Höchstens drei Vektoren des Raumes sind linear unabhängig.
Jeder Vektor eines Raumes kann als Linearkombination dreier linear unabhängiger Vektoren dargestellt werden.

Beispiele:
Überprüfe, ob die Vektoren linear abhängig oder unabhängig sind.

1. $\begin{pmatrix} -3 \\ 17 \\ 18 \end{pmatrix}; \begin{pmatrix} 5 \\ 9 \\ 7 \end{pmatrix}; \begin{pmatrix} 12 \\ -10 \\ 9 \end{pmatrix}$

   Die Vektorgleichung

   $r \cdot \begin{pmatrix} -3 \\ 17 \\ 18 \end{pmatrix} + s \cdot \begin{pmatrix} 5 \\ 9 \\ 7 \end{pmatrix} + t \cdot \begin{pmatrix} 12 \\ -10 \\ 9 \end{pmatrix} = \vec{0}$

   führt auf das Lineare Gleichungssystem (LGS)

   $-3r + 5s + 12t = 0$
   $17r + 9s - 10t = 0$
   $18r + 7s + 9t = 0$

   Hinweis: Dieses LGS hat $r = s = t = 0$ als einzige Lösung, die drei Vektoren sind somit linear unabhängig.

2. $\begin{pmatrix} 23 \\ -5 \\ 15 \end{pmatrix}; \begin{pmatrix} -3 \\ 20 \\ 19 \end{pmatrix}; \begin{pmatrix} 37 \\ 50 \\ 87 \end{pmatrix}$

   Vektorgleichung:

   $r \cdot \begin{pmatrix} 23 \\ -5 \\ 15 \end{pmatrix} + s \cdot \begin{pmatrix} -3 \\ 20 \\ 19 \end{pmatrix} + t \cdot \begin{pmatrix} 37 \\ 50 \\ 87 \end{pmatrix} = \vec{0}$

   LGS:

   $23r - 3s + 37t = 0$
   $-5r + 20s + 50t = 0$
   $15r + 19s + 87t = 0$

Hinweis: Das LGS hat von $r = s = t = 0$ verschiedene Lösungen, z. B. $r = -2$; $s = -3$; $t = 1$. Also sind die drei Vektoren linear abhängig.

13.3 Geraden

Darstellung im Raum

Lern-Video
www.sofatutor.com/klett/98

Mithilfe von Vektoren können wir Geraden im Raum darstellen. Dazu nutzen wir die **Ortsvektoren**.

Sind zwei Punkte P und Q gegeben, die auf der Geraden g liegen, dann gilt für den Ortsvektor $\vec{x}$ jedes weiteren Punktes X auf der Geraden:

$$\vec{x} = \overrightarrow{OP} + \overrightarrow{PX} = \overrightarrow{OP} + r \cdot \overrightarrow{PQ}$$

weil gilt: $\overrightarrow{PX} = r \cdot \overrightarrow{PQ}$ für eine reelle Zahl r.

Parametergleichung der Geraden:

g: $\vec{x} = \vec{p} + \vec{r} \cdot \vec{u}$

$(r \in \mathbb{R})$

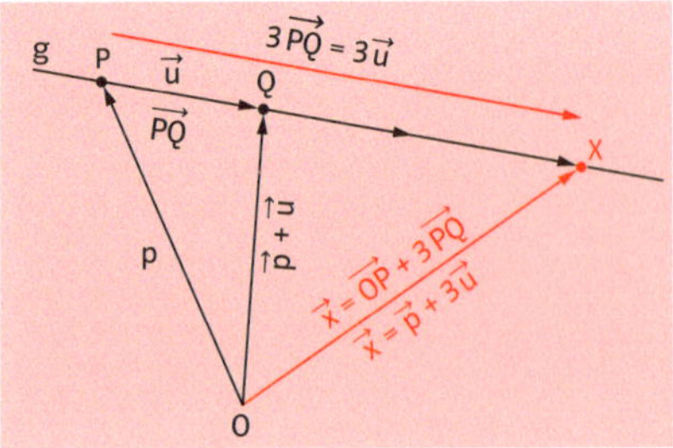

Der Vektor $\vec{p}$ heißt Stützvektor, der Vektor $\vec{u}$ Richtungsvektor der Geraden.

Beispiele:

1. Zeichne die Gerade g: $\vec{x} = \begin{pmatrix} 1 \\ 2 \\ -1 \end{pmatrix} + t \cdot \begin{pmatrix} 1 \\ 2 \\ 3 \end{pmatrix}$ in ein Koordinatensystem.

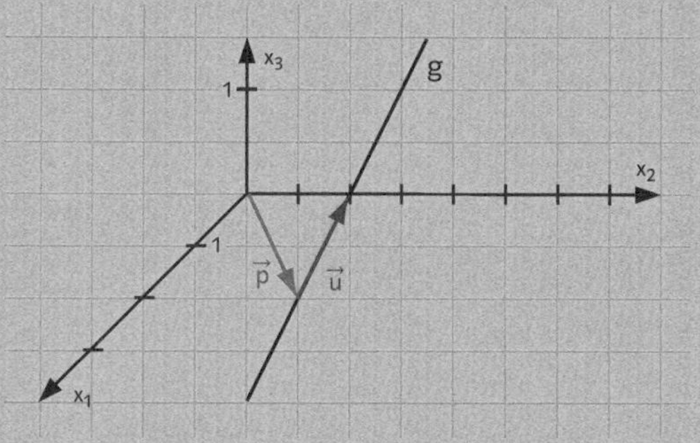

2. Bestimme die Parametergleichung der Geraden g, die durch die Punkte A(8|7|6) und B(−2|−5|−1) geht.
   Da der Punkt A auf g liegt, ist der Vektor $\vec{a} = \begin{pmatrix} 8 \\ 7 \\ 6 \end{pmatrix}$ ein möglicher Stützvektor der Geraden g.
   Da auch B auf g liegt, ist der Vektor
   $$\overrightarrow{AB} = \begin{pmatrix} -2 \\ -5 \\ -1 \end{pmatrix} - \begin{pmatrix} 8 \\ 7 \\ 6 \end{pmatrix} = \begin{pmatrix} -10 \\ -12 \\ -7 \end{pmatrix}$$
   ein möglicher Richtungsvektor von g. Somit lautet die Geradengleichung: g: $\vec{x} = \begin{pmatrix} 8 \\ 7 \\ 6 \end{pmatrix} + t \cdot \begin{pmatrix} -10 \\ -12 \\ -7 \end{pmatrix}$ $(t \in \mathbb{R})$
3. Prüfe, ob der Punkt X(2|3|−1) auf der Geraden mit der Gleichung g: $\vec{x} = \begin{pmatrix} 7 \\ 0 \\ 4 \end{pmatrix} + t \cdot \begin{pmatrix} 5 \\ -3 \\ 5 \end{pmatrix}$ liegt.

13

Wenn X auf g liegt, so existiert ein $t \in \mathbb{R}$ für das gilt: $\begin{pmatrix} 2 \\ 3 \\ -1 \end{pmatrix} = \begin{pmatrix} 7 \\ 0 \\ 4 \end{pmatrix} + t \cdot \begin{pmatrix} 5 \\ -3 \\ 5 \end{pmatrix}$.
Aus $2 = 7 + t \cdot 5$ folgt $t = -1$. Setzt man $t = -1$ in die Gleichungen $3 = 0 + t \cdot (-3)$ und $-1 = 4 + t \cdot 5$ ein, so folgt:

$$3 = (-1) \cdot (-3) = 3 \quad \text{und} \quad -1 = 4 + (-1) \cdot 5 = -1.$$

Da alle drei Gleichungen für $t = -1$ erfüllt sind, liegt der Punkt X auf der Geraden g.

Lage von Geraden

Zur Untersuchung der Lage von zwei Geraden

$$g: \vec{x} = \vec{p} + t \cdot \vec{u} \quad \text{und} \quad h: \vec{x} = \vec{q} + r \cdot \vec{v}$$

setzt man die Parametergleichungen gleich und bestimmt die Lösungen für t und r.

Es gilt:
Sie **schneiden** sich in einem Punkt, wenn
$\vec{p} + t \cdot \vec{u} = \vec{q} + r \cdot \vec{v}$ **genau eine Lösung** (r_0, t_0) hat.
Sie sind **identisch**, wenn $\vec{p} + t \cdot \vec{u} = \vec{q} + r \cdot \vec{v}$ **unendlich viele Lösungen** hat.
Sie haben **keinen gemeinsamen Punkt**, wenn
$\vec{p} + t \cdot \vec{u} = \vec{q} + r \cdot \vec{v}$ **keine Lösung** hat.

Zu Geraden im Raum, die sich nicht schneiden und nicht parallel zueinander sind, sagt man auch: die Geraden sind **windschief**.

Beispiele:
Untersuche die gegenseitige Lage der Geraden g und h. Bestimme gegebenenfalls den Schnittpunkt S.

a) g: $\vec{x} = \begin{pmatrix} 5 \\ 0 \\ 1 \end{pmatrix} + r \cdot \begin{pmatrix} 2 \\ 1 \\ -1 \end{pmatrix}$; h: $\vec{x} = \begin{pmatrix} 7 \\ 1 \\ 2 \end{pmatrix} + t \cdot \begin{pmatrix} -6 \\ -3 \\ 3 \end{pmatrix}$

Gleichsetzen: $\begin{pmatrix} 5 \\ 0 \\ 1 \end{pmatrix} + r \cdot \begin{pmatrix} 2 \\ 1 \\ -1 \end{pmatrix} = \begin{pmatrix} 7 \\ 1 \\ 2 \end{pmatrix} + t \cdot \begin{pmatrix} -6 \\ -3 \\ 3 \end{pmatrix}$ liefert

$$\begin{aligned} 5 + 2r &= 7 - 6t \\ r &= 1 - 3t \\ 1 - r &= 2 + 3t \end{aligned} \quad \text{bzw.} \quad \begin{aligned} 2r + 6t &= 2 \\ r + 3t &= 1 \\ -r - 3t &= 1 \end{aligned}$$

Dieses Gleichungssystem hat keine Lösung, also haben g und h keine gemeinsamen Punkte.

b) g: $\vec{x} = \begin{pmatrix} 0 \\ 1 \\ 1 \end{pmatrix} + r \cdot \begin{pmatrix} 1 \\ 0 \\ 1 \end{pmatrix}$; h: $\vec{x} = \begin{pmatrix} 4 \\ 2 \\ 4 \end{pmatrix} + t \cdot \begin{pmatrix} 2 \\ 1 \\ 1 \end{pmatrix}$

Gleichsetzen liefert:

$$\begin{aligned} r &= 4 + 2t \\ 1 + 0r &= 2 + t \\ 1 + r &= 4 + t \end{aligned} \quad \text{bzw.} \quad \begin{aligned} r - 2t &= 4 \\ -t &= 1 \\ r - t &= 3 \end{aligned}$$

Dieses Gleichungssystem hat die Lösungen:
$r = 2;\ t = -1$

Setzt man r oder t in die Geradengleichung g oder h ein, so folgt für den Schnittpunkt S:

$\vec{x} = \begin{pmatrix} 0 \\ 1 \\ 1 \end{pmatrix} + 2 \cdot \begin{pmatrix} 1 \\ 0 \\ 1 \end{pmatrix} = \begin{pmatrix} 2 \\ 1 \\ 3 \end{pmatrix}$; $S(2|1|3)$

Stochastik/ Wahrscheinlichkeitsrechnung

14 Elemente der Wahrscheinlichkeitsrechnung

QUICK-FINDER

14.1 Grundlagen

Zufallsexperiment

Das Werfen eines Würfels oder das Ziehen eines Loses sind **Zufallsexperimente**.

Eigenschaften von Zufallsexperimenten

- Es gibt mehrere Ergebnisse.
- Man weiß vor dem Versuch, welche **Ergebnisse** eintreten können. Diese möglichen Ergebnisse fasst man in der **Ergebnismenge S** zusammen.
- Man weiß vor dem Versuch nicht, welches dieser Ergebnisse eintreten wird.
- Es können nie zwei Ergebnisse gleichzeitig auftreten.
- Man kann das Zufallsexperiment unter den gleichen Voraussetzungen beliebig oft wiederholen.

Eine Teilmenge der Ergebnismenge heißt **Ereignis** bzw. **Ereignismenge**. Ein Ereignis kann man in Worten oder durch eine Menge beschreiben.

Hinweis: Mengen werden mit einem Großbuchstaben bezeichnet und die Ergebnisse werden in geschweiften Klammern dargestellt: $A = \{1; 2; 3\}$.

Beispiele:

1. Entscheide, ob es sich hierbei um ein Zufallsexperiment handelt.
   a) Drehen eines Glücksrades.
   b) Der Wecker klingelt um 6 Uhr.
   c) Werfen eines Reißnagels.
   d) Ein Ball wird in die Luft geworfen und fällt auf den Boden.

a) Zufallsexperiment: ja
   (Man kann nicht vorhersagen, welche Zahl oder welcher Buchstabe eintritt und man kann das Experiment beliebig oft wiederholen.)
b) Zufallsexperiment: nein
   (Ist der Wecker auf 6 Uhr eingestellt ist, so klingelt er auf jeden Fall.)
c) Zufallsexperiment: ja
   (Man kann nicht vorhersagen, wie der Reißnagel fällt und man kann ihn beliebig oft werfen.)
d) Zufallsexperiment: nein
   (Ein Ball, der nach oben geworfen wurde, fällt immer zu Boden.)

2. Georg und Martin werfen einen Würfel.
   Wie lautet die Ergebnismenge dieses Zufallsexperimentes?
   Wie könnte eine mögliche Ereignismenge aussehen?
   $S = \{1; 2; 3; 4; 5; 6\}$
   $A = \{1; 2\}$ oder $B = \{4; 5; 6\}$

Gegenereignis

Das Gegenereignis eines Ereignisses A wird mit $\overline{A}$ bezeichnet. Es gibt die Ereignisse an, die nicht zu A gehören.

Beispiel:

Werfen eines Würfels:

Ergebnismenge: $S = \{1; 2; 3; 4; 5; 6\}$

Ereignis: $A = \{\text{alle geraden Zahlen}\} = \{2; 4; 6\}$

Gegenereignis: $\overline{A} = \{\text{alle ungeraden Zahlen}\} = \{1; 3; 5\}$

Wahrscheinlichkeit

Die Wahrscheinlichkeit gibt an, wie groß die Chance ist, dass ein gewünschtes Ereignis eintritt.
Bei manchen Zufallsexperimenten kann man die Wahrscheinlichkeit nicht sofort angeben. Man muss das Experiment wiederholt durchführen und zählen, wie oft das gewünschte Ereignis eintritt. Diese Anzahl nennt man **absolute Häufigkeit**.
Dividiert man die absolute Häufigkeit durch die Anzahl der durchgeführten Versuche, so erhält man die **relative Häufigkeit**.

Beispiel:
Ein Reißnagel wird mehrfach geworfen.

10 mal werfen	1. Durchgang		2. Durchgang	
Ergebnis	Kopf	Seite	Kopf	Seite
Absolute Häufigkeit	4	6	7	3
Relative Häufigkeit	$\frac{4}{10} = 0{,}4$	$\frac{6}{10} = 0{,}6$	$\frac{7}{10} = 0{,}7$	$\frac{3}{10} = 0{,}3$
100 mal werfen	1. Durchgang		2. Durchgang	
Ergebnis	Kopf	Seite	Kopf	Seite
Absolute Häufigkeit	65	35	57	43
Relative Häufigkeit	$\frac{65}{100} = 0{,}65$	$\frac{35}{100} = 0{,}35$	$\frac{57}{100} = 0{,}57$	$\frac{43}{100} = 0{,}43$

1000 mal werfen	1. Durchgang		2. Durchgang	
Ergebnis	Kopf	Seite	Kopf	Seite
Absolute Häufigkeit	595	405	601	399
Relative Häufigkeit	$\frac{595}{1000} =$ 0,595	$\frac{405}{1000} =$ 0,405	$\frac{601}{1000} =$ 0,601	$\frac{399}{1000} =$ 0,399

Bei einer sehr großen Anzahl von Versuchen erkennt man, dass sich die relative Häufigkeit einem stabilen Wert annähert. Dieser ist ein guter Schätzwert für die Wahrscheinlichkeit.
Der Wert für die Wahrscheinlichkeit kann nie größer als 1 sein. Addiert man die Wahrscheinlichkeiten aller Ergebnisse zusammen, so ist die Summe 1.
Ein Ereignis, dass nie eintritt, heißt **unmögliches Ereignis** und hat die Wahrscheinlichkeit 0.

Ein Ereignis, dass bei einem Versuch sicher eintritt, heißt **sicheres Ereignis** und hat die Wahrscheinlichkeit 1.

Besonders wichtig: Laplace-Experiment

Treten bei einem Zufallsexperiment alle Ergebnisse mit der gleichen Wahrscheinlichkeit auf, so nennt man es ein **Laplace-Experiment**.
Hat das Experiment n mögliche Ergebnisse, so beträgt die Wahrscheinlichkeit eines Ergebnisses: $\frac{1}{n}$
Gibt es für ein Ereignis A mehrere Ergebnisse, so gilt die **Laplace-Formel**:

$$P(A) = \frac{\text{Anzahl der Ergebnisse, bei denen A eintritt}}{\text{Anzahl der möglichen Ergebnisse}}$$

Beispiel:
Das Werfen eines Würfels ist ein Laplace-Experiment, da jede Zahl mit der gleichen Wahrscheinlichkeit $\left(\frac{1}{6}\right)$ auftritt.
Hingegen ist das Werfen eines Reißnagels kein Laplace-Experiment, da der Reißnagel mit einer Wahrscheinlichkeit von 0,6 auf den Kopf fällt und mit einer Wahrscheinlichkeit von 0,4 auf die Seite.

Summenregel

Um die Wahrscheinlichkeit eines Ereignisses zu berechnen, addiert man die Wahrscheinlichkeiten der einzelnen Ergebnisse.
Die Summe aller Wahrscheinlichkeiten eines Zufallsexperimentes darf nicht größer sein als 1.

Beispiel:
In einer Bonbondose befinden sich 4 rote, 5 blaue und 6 grüne Bonbons.

a) Wie groß ist die Wahrscheinlichkeit ein rotes Bonbon zu ziehen?
b) Wie groß ist die Wahrscheinlichkeit ein rotes oder ein blaues Bonbon zu ziehen?

a) $P(\text{„rot“}) = \frac{4}{15}$

b) $P(\text{„rot“ oder „blau“}) = P(\text{„rot“}) + P(\text{„blau“})$
$= \frac{4}{15} + \frac{5}{15} = \frac{9}{15} = \frac{3}{5}$

14.2 Kombinatorik

Pfadregel

Die Wahrscheinlichkeit für ein Ereignis erhält man, indem man die Wahrscheinlichkeiten längs eines Pfades multipliziert.

Wirft man einen Gegenstand mehrfach hintereinander oder mehrere Gegenstände zusammen, so spricht man von einem **mehrstufigen Zufallsexperiment**.
Solche mehrstufigen Zufallsexperimente kann man als Pfade in einem **Baumdiagramm** darstellen.

Beispiel:
In einer Urne befinden sich 2 Kugeln (rot und grün). Es wird 2-mal gezogen. Nach jedem Zug wird die Kugel wieder zurückgelegt.

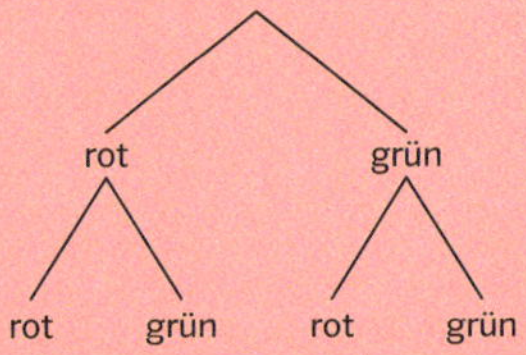

Ergebnismenge:
S = {rotrot; rotgrün; grünrot; grüngrün}

Wie groß ist die Wahrscheinlichkeit, ohne Berücksichtigung der Reihenfolge eine rote und eine grüne Kugel zu ziehen?
P(einmal rot und einmal grün)
$= P(\text{rotgrün}) + P(\text{grünrot}) = \frac{1}{4} + \frac{1}{4} = \frac{1}{2}$
da $P(\text{rotgrün}) = \frac{1}{2} \cdot \frac{1}{2} = \frac{1}{4}$ und $P(\text{grünrot}) = \frac{1}{2} \cdot \frac{1}{2} = \frac{1}{4}$.

Produktregel

Gegeben sind k Urnen mit n_1 bzw. n_2 bzw. ... n_k Kugeln. Dann existieren

$$n_1 \cdot n_2 \cdot ... \cdot n_k$$

verschiedene Möglichkeiten, aus jeder Urne genau eine Kugel zu ziehen.

Urnenmodell

Um die Regeln in den folgenden Unterkapiteln anwenden zu können, veranschaulichen wir unsere Experimente durch das Urnenmodell.
Viele Zufallsexperimente können mit dem Ziehen von unterschiedlichen Kugeln aus einem Gefäß, Urne genannt, dargestellt werden. In der Urne befinden sich n unterscheidbare Kugeln, von denen k gezogen werden oder aus k Urnen wird genau eine Kugel gezogen.

Beispiel:
Wie viele Telefonnummern mit 6 Ziffern kann man bilden, wenn die erste Ziffer keine Null sein darf?

Es existieren 6 Urnen.
In der ersten Urne befinden sich 9 Kugeln mit den Nummern 1; 2; 3; 5; ...; 9.
In den restlichen fünf Urnen befinden sich 10 Kugeln mit den Nummern 0; 1; 2; 3; 5; ...; 9.
Es wird aus jeder Urne einmal gezogen.

Berechnen der Möglichkeiten:
Da die Reihenfolge egal ist, hat man bei der 1. Urne 9 mögliche Zahlen zur Verfügung und bei den restlichen fünf Urnen jeweils 10 Zahlen.

Es ergibt sich also:

$$9 \cdot 10 \cdot 10 \cdot 10 \cdot 10 \cdot 10 = 900\,000$$

Es gibt 900 000 mögliche Telefonnummern mit 6 Ziffern.

Ziehen mit und ohne Zurücklegen

Ziehen mit Zurücklegen („Toto-Regel")

Es wird aus einer Urne mit n unterscheidbaren Kugeln k-mal eine Kugel mit Zurücklegen gezogen, dabei wird die Reihenfolge der gezogenen Kugeln notiert.
Dann sind n^k verschiedene Reihenfolgen möglich.

Beispiel:
Ein Statistisches Institut will ermittelt haben, dass bei 53 % aller Geburten das Baby männlichen Geschlechtes ist. Wie groß ist danach die Wahrscheinlichkeit, dass die Mutter aufeinanderfolgend 2 Jungen zur Welt bringt?

In einer Urne befinden sich 100 Kugeln, davon sind 53 weiß (Jungen) und 47 rot (Mädchen).
Es wird zweimal mit Zurücklegen gezogen.
Ergebnismenge: $S = \{ww; wr; rw; rr\}$

$$P(w) = \frac{53}{100}$$

$$P(ww) = \left(\frac{53}{100}\right)^2 = 0{,}28$$

Ziehen ohne Zurücklegen („Renn-Regel")

Es wird aus einer Urne mit n Kugeln k-mal eine Kugel ohne Zurücklegen gezogen, dabei wir die Reihenfolge der gezogenen Kugeln notiert.

Dann sind

$$n \cdot (n-1) \cdot \ldots \cdot (n-k+1)$$

verschiedene Reihenfolgen möglich.

Sonderfall

Wird solange gezogen, bis alle Kugeln gezogen wurden, also $n = k$, dann gibt es $n \cdot (n-1) \cdot \ldots \cdot 2 \cdot 1$ mögliche Reihenfolgen. Oder kurz: **n!** (lies: **n Fakultät**)

Beispiel:

Ein idealer Würfel wird 5-mal geworfen. Mit welcher Wahrscheinlichkeit erhält man 5 verschiedene Augenzahlen?

In einer Urne befinden sich 6 verschiedene Kugeln, für jede Augenzahl eine. Nun wird fünfmal gezogen. Für 5 verschiedene Augenzahlen gilt: Ziehen ohne Zurücklegen, also $6 \cdot 5 \cdot 4 \cdot 3 \cdot 2 = 720$ Möglichkeiten.

Für die Gesamtzahl der Möglichkeiten gilt: Ziehen mit Zurücklegen: 6^5

$P(\text{5 verschiedene Augenzahlen}) = \frac{6 \cdot 5 \cdot 4 \cdot 3 \cdot 2}{6^5} = \frac{5}{54}$

14

Beispiel:

Mit welcher Wahrscheinlichkeit haben 7 Schüler alle an verschiedenen Wochentagen Geburtstag, wenn die Wochentage als gleich wahrscheinlich angesehen werden?

In einer Urne befinden sich 7 verschiedene Kugeln für jeden Wochentag eine. Es wird siebenmal gezogen.

Für 7 verschiedene Wochentage gilt: Ziehen ohne Zurücklegen:

$$7 \cdot 6 \cdot 5 \cdot 4 \cdot 3 \cdot 2 \cdot 1 = 7!$$

Für die Gesamtzahl der Möglichkeiten gilt: Ziehen mit Zurücklegen: 7^7

$$P = \frac{7!}{7^7} \approx 0{,}01$$

Ziehen mit einem Griff („Lotto-Regel")

Lern-Video
www.sofatutor.com/klett/99

Es werden aus einer Urne mit n verschiedenen Kugeln k Kugeln mit einem Griff gezogen. Dabei spielt die Reihenfolge keine Rolle.
Dann gibt es

$$\binom{n}{k} = \frac{n \cdot (n-1) \cdot \ldots \cdot (n-k+1)}{1 \cdot 2 \cdot 3 \cdot \ldots \cdot k} = \frac{n!}{k!\,(n-k)!} \quad (k \leqq n)$$

Möglichkeiten.

Die Zahlen $\binom{n}{k}$ heißen **Binomialkoeffizienten**.

Beispiel:
Wie groß ist die Wahrscheinlichkeit beim Lotto „6 aus 49"
a) 6 Richtige zu haben?
b) 4 Richtige zu haben?

a) In einer Urne befinden sich 49 durchnummerierte Kugeln. Nun werden 6 mit einem Griff gezogen. Die Reihenfolge spielt keine Rolle.

Somit existieren

$$\binom{49}{6} = \frac{49 \cdot 48 \cdot 47 \cdot 46 \cdot 45 \cdot 44}{1 \cdot 2 \cdot 3 \cdot 4 \cdot 5 \cdot 6} = 13\,983\,816$$

mögliche Ergebnisse.
Da alle Ergebnisse die gleiche Wahrscheinlichkeit besitzen, gilt:

$$P(\text{„6 Richtige“}) = \frac{1}{13\,983\,816} = 0{,}00000072$$

b) Hier muss man von zwei unterschiedlichen Urnenmodellen ausgehen. In einer Urne befinden sich die 6 Gewinnzahlen, davon werden 4 mit einem Griff gezogen.
In einer zweiten Urne befinden sich die $49 - 6 = 43$ übrigen Zahlen, davon werden 2 mit einem Griff gezogen.
Die Anzahl der Möglichkeiten, von 6 Gewinnzahlen 4 anzukreuzen, ist:

$$\binom{6}{4} = \frac{6!}{4! \cdot 2!} = \frac{6 \cdot 5}{2 \cdot 1} = \frac{30}{2} = 15$$

Die Anzahl der Möglichkeiten von den 43 nicht Gewinnzahlen 2 anzukreuzen ist:

$$\binom{43}{2} = \frac{43!}{2! \cdot 41!} = \frac{43 \cdot 42}{2 \cdot 1} = \frac{1806}{2} = 903$$

Damit ist die Anzahl der Möglichkeiten für 4 Richtige im Lotto:

$$\binom{6}{4} \cdot \binom{43}{2} = 15 \cdot 903 = 13\,545$$

Es gibt also 13 545 Möglichkeiten von insgesamt 13 983 816 Möglichkeiten.

$$P(\text{„4 Richtige aus 49“}) = \frac{13\,545}{13\,983\,816} \approx 0{,}00097$$

Stochastik/ Wahrscheinlichkeitsrechnung

15 Vertiefung der Wahrscheinlichkeitsrechnung

QUICK-FINDER

15.1 Zusammengesetzte Ereignisse

Darstellung zusammengesetzter Ereignisse

Sprechweisen	Symbol	Mengenbild
A und B tritt ein, wenn sowohl A als auch B eintritt.	$A \cap B$	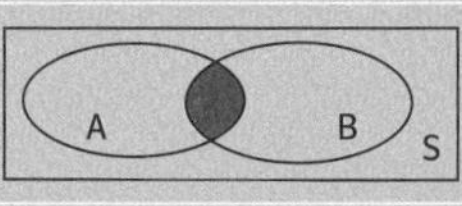
A oder B tritt ein, wenn mindestens eines der beiden Ereignisse A, B eintritt.	$A \cup B$	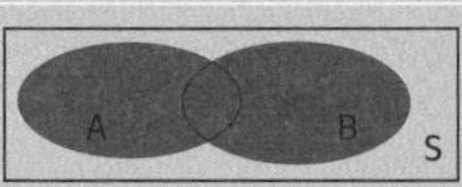
$\overline{A}$ tritt ein, wenn A nicht eintritt.	$\overline{A}$	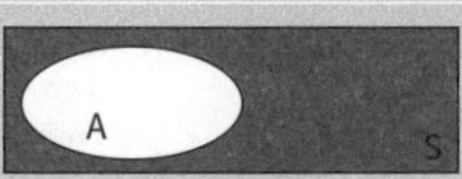

Auch das zusammengesetzte Ereignis C, **entweder A oder B** tritt ein, lässt sich in der obigen Weise darstellen:

$C = (A \cap \overline{B}) \cup (\overline{A} \cap B)$

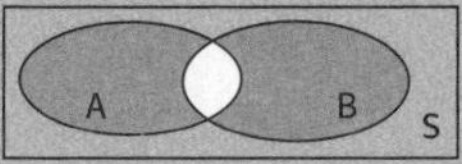

Gegenereignisse (Gesetze von de Morgan)
Gegenereignis von $A \cap B$: $\overline{A \cap B} = \overline{A} \cup \overline{B}$
Gegenereignis von $A \cup B$: $\overline{A \cup B} = \overline{A} \cap \overline{B}$

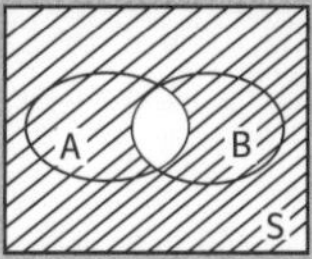

$\overline{A \cap B}$

$\overline{A} \cap \overline{B}$

$\overline{A} \cup \overline{B}$

15

Beispiel:
Beim Würfeln sei
$S = \{1; 2; 3; 4; 5; 6\}$, $A = \{1; 3; 5\}$ und $B = \{4; 5; 6\}$
Gib folgende Ereignisse an:

a) A und B
b) A oder B
c) Weder A noch B
d) Entweder A oder B
e) B, aber nicht A

a) $A \cap B = \{5\}$
b) $A \cup B = \{1; 3; 4; 5; 6\}$
c) $\overline{A \cup B} = \overline{A} \cap \overline{B} = \{2\}$
d) $(A \cap \overline{B}) \cup (\overline{A} \cap B) = \{1; 3; 4; 6\}$
e) $B \cap \overline{A} = \{4; 6\}$

Besonders wichtig: Additions- und Multiplikationssatz

Additionssatz
Für zwei beliebige Ereignisse A und B gilt:
$P(A \cup B) = P(A) + P(B) - P(A \cap B)$

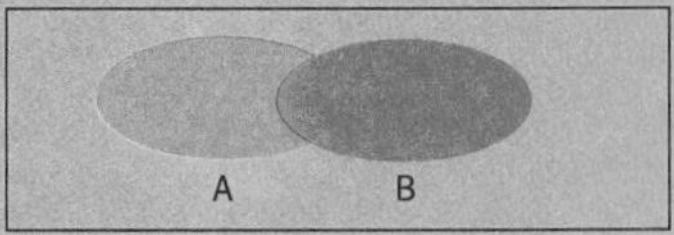

Schließen sich zwei Ereignisse A und B aus, dann gilt:
$P(A \cup B) = P(A) + P(B)$

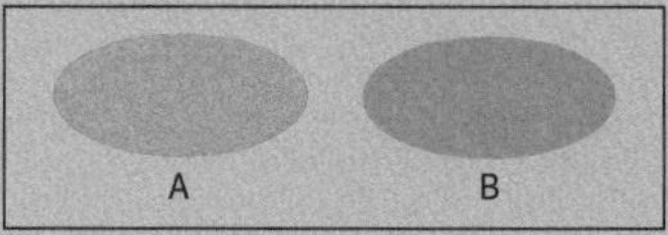

Hinweis: Schließen sich zwei Ereignisse aus, sagt man auch, die Ereignisse sind unvereinbar.

Spezieller Multiplikationssatz
Beeinflusst das Eintreten von A das Eintreten von B nicht, dann gilt:
$P(A \cap B) = P(A) \cdot P(B)$

Beispiel:
Ein idealer Würfel wird zweimal geworfen. Wie groß ist die Wahrscheinlichkeit für
a) A: die Augensumme ist kleiner als 7?
b) B: der 1. Wurf zeigt eine 6?
c) C: der 1. Wurf zeigt eine 4?
d) die Augensumme ist kleiner als 7 oder der 1. Wurf zeigt eine 6?
e) die Augensumme ist kleiner als 7 oder der 1. Wurf zeigt eine 4?
f) der 1. Wurf zeigt eine 4, der 2. Wurf eine 6?

a) $P(A) = \frac{15}{36}$

b) $P(B) = \frac{6}{36} = \frac{1}{6}$

c) $P(C) = \frac{6}{36} = \frac{1}{6}$

d) Die beiden Ereignisse schließen sich aus, also $A \cap B = \{\}$.
Nach dem speziellen Additionssatz gilt:
$P(A \cup B) = P(A) + P(B) = \frac{15}{36} + \frac{6}{36} = \frac{21}{36} = \frac{7}{12}$

e) Die beiden Ergebnisse schließen sich nicht aus, also $A \cap B \neq \{\}$.
Nach dem allgemeinen Additionssatz gilt:
$P(A \cup C) = P(A) + P(C) - P(A \cap C) = \frac{15}{36} + \frac{6}{36} - \frac{2}{36} = \frac{19}{36}$

f) Die beiden Ereignisse beeinflussen sich nicht gegenseitig.
Nach dem speziellen Multiplikationssatz gilt:
$P(B \cap C) = P(B) \cdot P(C) = \frac{1}{6} \cdot \frac{1}{6} = \frac{1}{36}$

Abhängigkeit und Unabhängigkeit

Ereignisse nennt man **unabhängig** voneinander, wenn das Eintreten des einen die Wahrscheinlichkeit des anderen nicht beeinflusst. Im umgekehrten Fall nennt man sie **abhängig**.

Zwei Ereignisse A und B sind **unabhängig voneinander**, wenn der spezielle Multiplikationssatz gilt:

$$P(A \cap B) = P(A) \cdot P(B)$$

Sonst nennt man sie voneinander abhängig.

Beachte: Die **Unabhängigkeit** und das **Sichausschließen** sind zwei verschiedene Sachverhalte.
Das Sichausschließen kann man in einem Mengenbild veranschaulichen.

Bei der Unabhängigkeit dagegen handelt es sich um eine Eigenschaft der Wahrscheinlichkeiten von A und B.

Beispiel:
Tina kommt auf ihrem Weg zur Schule an zwei Ampeln A_1 und A_2 vorbei, die unabhängig voneinander arbeiten. Sie stellt fest, dass A_1 in 75 % und A_2 in 40 % ihrer Fahrten grün zeigt. Berechne die Wahrscheinlichkeit der folgenden Ereignisse:

a) A: Beide Ampeln zeigen grün
b) B: Mindestens eine der Ampeln zeigt grün
c) C: Genau eine der Ampeln zeigt grün
d) D: Höchstens eine der Ampeln zeigt grün

a) Wahrscheinlichkeit, dass A_1 grün zeigt:
$P(A_1) = 0{,}75$
Wahrscheinlichkeit, dass A_2 grün zeigt:
$P(A_2) = 0{,}4$
$P(A) = P(A_1) \cdot P(A_2) = 0{,}75 \cdot 0{,}4 = 0{,}3$
b) $P(B) = P(A_1) \cdot P(\overline{A_2}) + P(\overline{A_1}) \cdot P(A_2) + P(A)$
$= 0{,}75 \cdot 0{,}6 + 0{,}25 \cdot 0{,}4 + 0{,}3 = 0{,}85$
c) $P(C) = P(A_1) \cdot P(\overline{A_2}) + P(\overline{A_1}) \cdot P(A_2)$
$= 0{,}75 \cdot 0{,}6 + 0{,}25 \cdot 0{,}4 = 0{,}55$
d) $P(D) = P(C) + P(\text{„beide rot“}) = 0{,}55 + 0{,}25 \cdot 0{,}6 = 0{,}7$

15.2 Binomialverteilung

Lern-Video
www.sofatutor.com/klett/9a

Bernoulli-Experimente

Haben Zufallsexperimente nur **zwei Ergebnisse**, so werden sie **Bernoulli-Experimente** genannt. Die beiden Ergebnisse werden mit **Treffer** und **Niete** bezeichnet. Bezeichnet man die Wahrscheinlichkeit für einen Treffer mit p und für eine Niete mit q, so gilt: $q = 1 - p$.

Besteht ein Zufallsexperiment aus n unabhängigen Wiederholungen desselben Bernoulli-Experimentes, so nennt man es eine **Bernoulli-Kette der Länge n**.

Ist eine Bernoulli-Kette der Länge n mit der **Trefferwahrscheinlichkeit p** gegeben und gibt die Zufallsvariable X die Anzahl der Treffer k an, so gilt für die Wahrscheinlichkeit:

$$P(X = k) = \binom{n}{k} \cdot p^k \cdot (1 - p)^{n-k} \quad (k \in \{0; 1; 2; ...; n\})$$

Die Zuordnung, die jedem der möglichen Werte k die Wahrscheinlichkeit $P(X = k)$ zuordnet, nennt man **Binomialverteilung** mit den Parametern n und p.

Für die Wahrscheinlichkeit $P(X = k)$ schreibt man auch $B_{n;p}(k)$ und nennt X eine **$B_{n;p}$-verteilte Zufallsvariable**.

Beispiel:
Von 100 Personen sind im Durchschnitt 15 Linkshänder. Wie groß ist die Wahrscheinlichkeit, dass von 25 zufällig ausgewählten Personen
a) genau eine Person Linkshänder ist.
b) mindestens eine Person Linkshänder ist.

Beeinflussen sich die Links- und Rechtshänder nicht, so kann man das Experiment als Bernoulli-Kette der Länge 25 mit $p = \frac{15}{100} = 0{,}15$ ansehen.
Die Zufallsvariable X gibt die Anzahl der Linkshänder unter 25 Personen an.

a) $P(X = 1) = \binom{25}{1} \cdot 0{,}15^1 \cdot (1 - 0{,}15)^{25-1} = 0{,}0759$

In fast 8 % der Fälle ist unter 25 Personen genau ein Linkshänder.

b) $P(X \geqq 1) = 1 - P(X = 0)$
$= 1 - \binom{25}{0} \cdot 0{,}15^0 \cdot (1 - 0{,}15)^{25-0} = 0{,}9828$

In fast 98 % ist mindestens eine Person Linkshänder.

Erwartungswert

Nimmt eine Zufallsgröße X die Werte $k = \{0; 1; 2; ...; n\}$ an, dann nennt man die Summe

$$0 \cdot P(X = 0) + 1 \cdot P(X = 1) + ... + n \cdot P(X = n) = E(X) = \mu$$

den **Erwartungswert** der Zufallsgröße X. Er wird mit $E(X)$ oder μ bezeichnet.

Handelt es sich bei dem Zufallsexperiment um ein Bernoulli-Experiment, so gilt für den Erwartungswert:
$E(X) = \mu = n \cdot p$

Beispiel:
In einer Fabrik werden die hergestellten Teile von einer Kontrolleurin überprüft, die jedes Teil mit einer Wahrscheinlichkeit von 0,95 % richtig beurteilt. X sei die Anzahl der falschen Entscheidungen der Kontrolleurin bei 100 Kontrollen. Berechne den Erwartungswert E(X).

X: Anzahl der falschen Entscheidungen; $n = 100$
$p = 1 - 0{,}95 = 0{,}05$
$E(X) = n \cdot p = 100 \cdot 0{,}05 = 5$

Führt die Kontrolleurin diese Tests sehr häufig durch, so entscheidet sie sich bei 100 Kontrollen im Mittel 5-mal falsch.

Lehrer-Tipp: Das Geburtstags-Paradoxon

„In vielen Fällen liefert uns die Wahrscheinlichkeitsrechnung Ergebnisse, die man für unsinnig oder sehr merkwürdig (paradox) hält. Die persönliche Schätzung stimmt dann mit der errechneten überhaupt nicht überein.

Das **Geburtstags-Paradoxon** ist ein Beispiel dafür. Es beschäftigt sich mit der Frage, wie hoch die Wahrscheinlichkeit ist, dass in einer willkürlich zusammengestellten Gruppe (z. B. in einer Schulklasse) zwei Personen am selben Tag im selben Monat Geburtstag haben.

Die meisten Menschen gehen von 1 bis 5 % aus und verschätzen sich dabei um eine ganze Zehnerpotenz! Denn rechnerisch kommt man zu dem Ergebnis, dass bereits in einer 23-köpfigen Gruppe die Wahrscheinlichkeit bei über 50 % liegt. Besteht die Gruppe aus 50 Personen, liegt sie sogar bei über 97 %.

Das lässt sich folgendermaßen berechnen. (Beachte, dass in der Klammer jeweils steht, wann es zu **keinem** gemeinsamen Geburtstag kommt.)

2 Personen $1-\left(\frac{364}{365}\right)=\frac{1}{365}\approx 0{,}27\,\%$

3 Personen $1-\left(\frac{364}{365}\cdot\frac{363}{365}\right)=0{,}82\,\%$

4 Personen $1-\left(\frac{364}{365}\cdot\frac{363}{365}\cdot\frac{362}{365}\right)\approx 1{,}64\,\%$

23 Personen $1-\left(\frac{364}{365}\cdot\ldots\cdot\frac{343}{365}\right)\approx 50{,}73\,\%$

Die allgemeine Formel lautet: $P(n)=\frac{1-365!}{(365-n)!\cdot 365^n}$

Und wie hättest du geschätzt?“

Sabine Bauer, Gymnasiallehrerin in Stuttgart

15

Stochastik/ Wahrscheinlichkeitsrechnung

16 Statistik

QUICK-FINDER

16.1 Grundlagen

Einführung

In der Statistik hat man es mit endlich oder unendlich vielen Einzelerscheinungen zu tun. Diese Einzelerscheinungen, die alle ein bestimmtes Merkmal besitzen, werden in der **Grundgesamtheit** zusammengefasst.

Da häufig die Anzahl der Elemente in der Grundgesamtheit zu groß ist, bedient man sich einer großen Anzahl von Elementen aus dieser Grundgesamtheit, die die Eigenschaften der Elemente ausreichend repräsentiert. Diese Teilmenge nennt man eine **Stichprobe**.
Die Auswahl der Elemente muss zufällig erfolgen.

Besonders wichtig:
Häufigkeit und Summenhäufigkeit

Die Stichprobe wird durch die Begriffe Stichprobenumfang n, absolute Häufigkeit $H(x_i)$ eines Stichprobenwertes x_i und relative Häufigkeit $h(x_i)$ eines Stichprobenwertes x_i beschrieben.
Für die relative Häufigkeit $h(x_i)$ gilt:

$$h(x_i) = \frac{H(x_i)}{n}$$

wobei $0 \leqq h(x_i) \leqq 1$ und die Summe aller relativen Häufigkeiten 1 beträgt.

Mittelwert und Median

Der Mittelwert einer Stichprobe x_i ist das **arithmetische Mittel** der Stichprobenwerte. Er wird wie folgt berechnet:

$$\overline{x} = \frac{x_1 + x_2 + \ldots + x_n}{n}.$$

Unter dem **Median** versteht man denjenigen Stichprobenwert, der in der Mitte liegt.

Beispiele:

ungerade Anzahl von geordneten Stichprobenwerten:
3; 4; 6; 7; 7
Median: 6

gerade Anzahl von Stichprobenwerten:
3; 4; 7; 9;
Median: 5,5 $\overline{x} = \frac{4 + 7}{2} = 5{,}5$

16.2 Streumaße

Lern-Video
www.sofatutor.com/klett/9b

Spannweite

Streumaße liefern ein Maß für die Abweichung vom Mittelwert. Das einfachste Streumaß ist die Spannweite, sie ist die Distanz zwischen dem größten und dem kleinsten Messwert:

$$R = x_{\text{größter Wert}} - x_{\text{kleinster Wert}}$$

Mittlere Abweichung und Varianz

Unter der Varianz versteht man das arithmetische Mittel der Abweichungsqudarate.
Für die **mittlere absolute Abweichung** gilt:

$$e = \frac{|x_1 - \overline{x}| + |x_2 - \overline{x}| + \ldots + |x_n - \overline{x}|}{n}.$$

Für die **Varianz** gilt:

$$V(x) = \frac{(x_1 - \overline{x})^2 + (x_2 - \overline{x})^2 + \ldots + (x_n - \overline{x})^2}{n}.$$

Standardabweichung

Damit die Dimension wieder korrekt ist, zieht man aus der Varianz die Wurzel und erhält die **Standardabweichung**: $s = \sqrt{V(x)}$.

Beispiel:

In einer Klasse mit $n = 21$ Schülern werden die Noten der einzelnen Schüler notiert. Dabei ergibt sich folgende Tabelle:

Note	1	2	3	4	5	6
Schüler	4	5	8	4	0	0

Mittelwert:

$$\overline{x} = \frac{x_1 + x_2 + \ldots + x_n}{n} = \frac{4 \cdot 1 + 5 \cdot 2 + 8 \cdot 3 + 4 \cdot 4}{21} = 2{,}57$$

Median:

1; 1; 1; 1; 2; 2; 2; 2; 2; 3; 3; 3; 3; 3; 3; 3; 3; 4; 4; 4; 4

Median = 3

Varianz:

$$V(x) = \frac{n_1 \cdot (x_1 - \overline{x})^2 + n_2 \cdot (x_2 - \overline{x})^2 + \ldots + n_n \cdot (x_n - \overline{x})^2}{n}$$

$$= \frac{4 \cdot (1 - 2{,}57)^2 + 5 \cdot (2 - 2{,}57)^2 + 8 \cdot (3 - 2{,}57)^2 + 4 \cdot (4 - 2{,}57)^2}{21}$$

$$= 1{,}007$$

Standardabweichung:

$$s = \sqrt{V(x)} = \sqrt{1{,}007} = 1{,}003$$

16

Gesetze von de Morgan 177
Graph im Koordinatensystem 67
Grenzverhalten 101 f.
Grundwert 38